小而美：景观建筑设计

蔡梁峰　吴晓华　著

中国建筑工业出版社

图书在版编目 (CIP) 数据

小而美：景观建筑设计 / 蔡梁峰，吴晓华著 . —北京：中国建筑工业出版社，2019.8
ISBN 978-7-112-23965-8

Ⅰ . ①小… Ⅱ . ①蔡… ②吴… Ⅲ . ①景观设计 - 研究 Ⅳ . ① TU986.2

中国版本图书馆 CIP 数据核字 (2019) 第 138539 号

责任编辑：张建
责任校对：王烨

中国建筑工业出版社官网 www.cabp.com.cn →输入书名或征订号查询→点选图书→点击配套资源即可下载（重要提示：下载配套资源需注册网站用户并登录）。

小而美：景观建筑设计
蔡梁峰 吴晓华 著
*
中国建筑工业出版社出版、发行（北京海淀三里河路 9 号）
各地新华书店、建筑书店经销
天津图文方嘉印刷有限公司印刷
*
开本：850 × 1168 毫米 横 1/32 印张：6 字数：162 千字
2019 年 8 月第一版 2019 年 8 月第一次印刷
定价：89.00 元（含配套资源）
ISBN 978-7-112-23965-8
(34269)

前言

我在步入青年之前都是在浙江诸暨一个名叫巅口的小镇度过的。记忆中的故乡是绵延的群山，成片的桑树林，白塔湖边是无边无际的绿色稻田和盛开的紫云英。每个村落都会有几座砖木结构的老台门，小时候把这类房子一律叫作“地主人家”，其实就是典型的江南四合院；除此之外都是一层的夯土坡屋顶房子。为了保护夯土墙体不被雨水淋塌，里外都刷了石灰。爬到山上俯瞰村子，是一整片高低错落的乌黑“瓦山”，建筑永远没有树高，甚至没有竹子高；香樟、水杉几乎高出了房子几倍；掩映在炊烟里，卫兵般地站着岗。你看着一位老太太拎着篮子颤巍巍穿过村口路亭，远远地喊道：“四姆姆……”“哎……”四姆姆抬头搜寻着山里，答应着，“小倌人，勿要爬忒高，小心山里有老虎驮了去”。

仿佛一场春梦，谁会知晓应答之间，一切都如云散了。随着小镇在二十世纪八十年代中后期开始的飞速发展，到而今，假如我其间没有回过故乡，我定会认为这里是一个我从未到过的陌生世界。儿时熟悉的房子、田野，甚至山水都已荡然无存，到处都是庞大的五金或水暖工厂、高耸的酒店、漂亮的商业楼盘。如果说晚清重臣李鸿章所言的“三千年未有之大变局”指的是华夏文明以来的政治制度、科学文明等“软件的变革”，那我们六七十年代出生的一辈，是真正经历了这一大变局的“硬件变革”；其剧变达到了令人匪夷所思的地步。我们总以为回忆都是美好的，其实并非全然如此。于我而言，回忆里除了美好，更多的是心酸，即使时光可以倒流，我也不愿再回到那样的故乡。谁会愿意住在阴暗潮湿、蚊虫萦绕、“粪香”四溢的房子里呢？谁会愿意在公共厕所只有一个大通间的学校里读书呢？谁会愿意衣衫褴褛，活得没有尊严？

过去并不美好，当下也难堪栖居。天地有大美而不言，可是我们经常见不到大地，也见不到星空。我们被架离地面，束之高阁；终日身处人潮涌动，车马喧嚣之中。目之所及，连四五线城市都是高楼林立。既无日出月落，更无岁月静好；生命离开斑斓大地，渐渐令我们的眼睛蒙上了灰尘。高层建筑对长期居住者来说存在诸多危害。欧美等国的高层建筑先行者已对此做过很多研究，其问题主要体现在危害人的身心健康、灾害不易控制、维护花费大、建居能耗高等方面。实际上高层建筑危害到的不仅是居者本身，它也危害到区域生态、微气候、阳光权等。更令人扼腕的是大量重复建造的火柴盒式高楼几乎没有多少审美价值可言；即使如扎哈、库哈斯等当代建筑大师的作品，也不能代表人类的终极理想，而仅仅是这个时代人类欲望的体现。房地产商的“炫富”和建筑师的“炫技”，对于城市和所有市民都是一种伤害，是一种失去人性尺度的“哥斯拉”之恶，也是犹太裔美国政治理论家汉娜·阿伦特所言的“平庸之恶”。

对于一二线城市而言，大量的工作机会造就的人口密度必然催生高密度和高层建筑，但巨型城市化带来的城市病是一种慢性中毒的过程。对于城市化进程仅有二三十年的我国而言，其中的交通、安全、环境污染等问题虽略有显现，但更多的问题则潜伏于深处，不知何时会爆发？城市是一种有机体，当它不能承受生命之重的时候，城市就会进入逆城市化进程。世界上发达国家城市化率超过 70% 以后，必然出现逆城市化现象。现在中国东部的三大城市群，以及中西部的成渝城市群、武汉城市群等地，城镇化率已经超过 70%，达到或接近发达国家水平；也已经出现了城镇居民的居住、就业和消费，向农村以及周边小城镇转移的现象。这些现象在突显之前城市化进程中所出现问题的同时，也表明了生产力的进步。随着信息技术革命和生产力的发展，人们的生产方式得以改变，谋生的方式亦随之发生改变；这就是逆城市化在经济层面的运行机制。

“城市化”与“逆城市化”的核心表现形式在于建筑，概括而言是建筑规模。有机的城市呼唤有机的小建筑，乡村更是如此。小建筑对环境的影响更小，生态自愈能力更强，安全阈值更大，建居能耗更低，更符合人类的栖居理想，尤其是符合人类的审美需求。因此本书所涉及的景观建筑并非仅指园林景观类的小建筑，而是指建筑都需符合景观要求。而现代景观的含义极为丰富，通常包含四方面内容，（1）风景：视觉审美过程的对象；（2）栖居地：人类和其他生物生活的空间和环境；（3）生态系统：一个具有结构和功能，具有内在和外在联系的有机系统；（4）符号：一种记载人类过去，表达希望与理想，赖以认同和寄托的语言和精神空间。按照景观的要求去建造我们的建筑，才能让城市更有魅力，让乡村得以振兴。

每一座建筑都必须是一道审美意义上的风景。特别需要强调的是随着环境美学的不断发展，美学研究的重心已从艺术转移到自然，其哲学基础也由传统的人文主义和科学主义演变至生态主义，给审美插上了伦理的翅膀。它可以是阿诺德·伯林特所提倡的环绕 、多维度的“介入美学”，抑或是艾伦·卡尔松所提倡的“自然全美”理论。建筑都需要这些环境美学的支撑，多价值角度理解人与自然、环境的关系，才能创造出符合“环境之美”的建筑。

建筑是具有相同文化背景的人和乡土生物共生的栖息地，允许各种形式聚落的存在与发展。它不单是房屋建筑的集合体，还包括与居住直接有关的其他生活、生产设施和生活方式。聚落既是人们居住、生活和进行各种社会活动的场所，也是人们进行生产活动的场所。人们赖以栖居、能够引发人们归属感的建筑才能和谐融入自然环境之中。

建筑应成为所处区域生态系统的一部分；它不仅为人类提供居所，也应为鸟类、昆虫、植物提供庇护所；同时，应最大限度地节约资源，包括节能、节地、节水、节材等；以此体现人与自然的和谐共生。

建筑是人类梦想的家园，是人类得以躲避风霜雨雪、自然灾害的庇护所。作为家的建筑一直都是人类爱、温暖和安全的港湾。

本书收录的景观小建筑基本都是我们平时园林项目中的景观建筑设计方案。我们从空间构成的角度，将其分为六章：第一章，建筑即乐高；表达建筑没那么复杂，小朋友搭的乐高就是抽象化的建筑。第二章，切割建筑；利用雕刻的原理，去除掉不必要的部分，就可以雕凿出千变万化的建筑形态。第三章，牵引与转动；通过适当的空间牵引、转动，产生不同方向的墙面，使立面不再平面化而更加立体。第四章，坡的建筑；探索不同高差、单双、曲直坡屋顶的应用。第五章，漂浮建筑；为了适应气候条件或合理利用空间，也可使建筑用“脚”生长或融入于大地。第六章，圆的建筑；理解现实世界里并没有真正的圆建筑，只是相同结构旋转复制的多边形而已。

有鉴于当下风景园林、环艺类专业学生往往缺少现代景观建筑设计的学习与训练；且目前图书市场上建筑设计类书籍对于上述专业的学生来说，不是过于艰涩难懂，就是研究方向上并不适合；故特以此书献给有志于让人类的生存环境更美好的青年景观设计师们。

目录

1 建筑即乐高

我们总把概念的表述看得过于重要，甚至把语言和文字当成了事物本身。简单的事情被学者的名词搞得佶屈聱牙、南辕北辙、复杂不堪，词不达意，这样只会让事物的本质消失在文字与逻辑的迷雾里，看看我们周围刻板无趣的城市建筑，令人压抑倦怠。文化不是装出来的，不见诸形象和文字的事物也是文化的重要组成部分。建筑的本意就是遮风挡雨、阻隔视线，没那么复杂；旧时的乡村建筑不都是主人自己设计与建造出来的吗；澳洲小哥徒手就能筑屋建房；小朋友搭的乐高玩具不就是抽象的建筑吗?

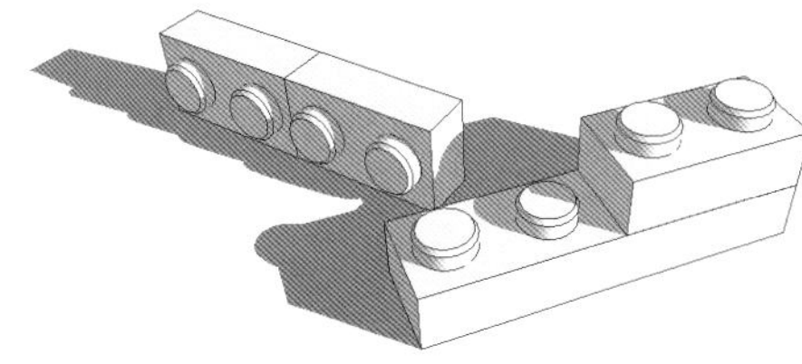

1. 乐高建筑

砖、石、木或传统的夯土版筑，就像是用乐高积木搭建物体，我们用 300mm 的立方体“积木”，搭出下图尺寸的围墙。有了墙，就有了庇护。《释名》中说“垣，援也，人所依止，以为援卫也”。但是我们一定要明了墙并非建筑的核心，而是由它围合的“空间”。这个空间在非特定的需求下（比如展览等），需要更多的风与光，拆掉若干“积木”后，形成右图的基本框架。这就是老子所言：“凿户牖以为室，当其无，有室之用。故有之以为利，无之以为用”。

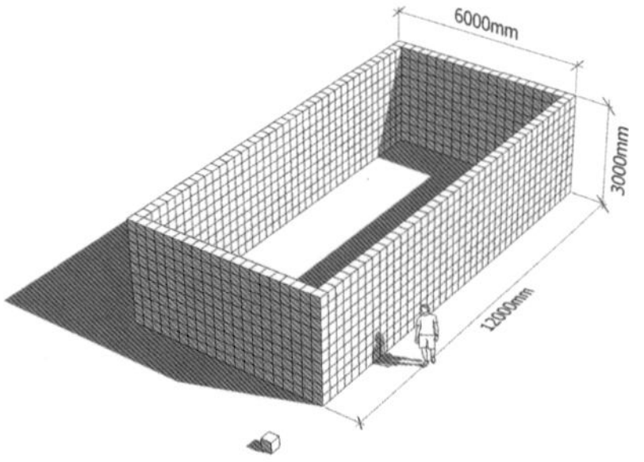

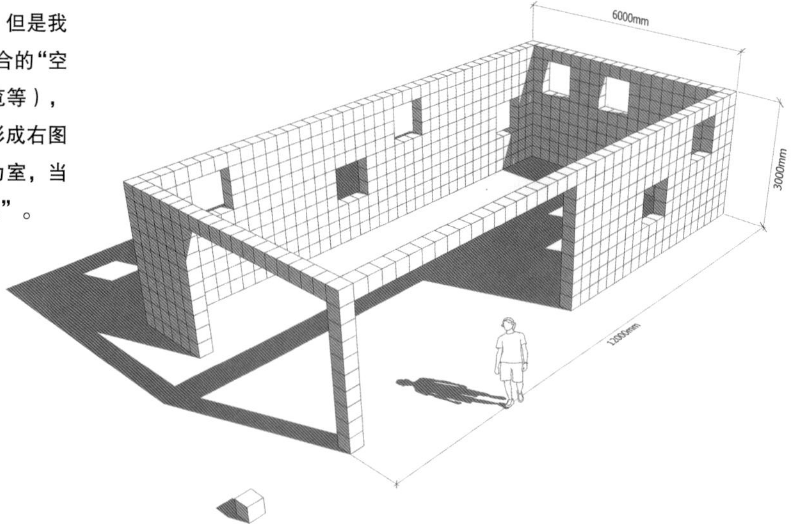

景观建筑需要更多的光与风，门窗也就显得尤为重要，它们是建筑的眼睛。其形式不外乎四种：1. 落地门窗；2. 嵌入式窗；3. 飘窗；4. 转角窗。这其中尤以转角窗观景效果较佳，但结构难度也较大。

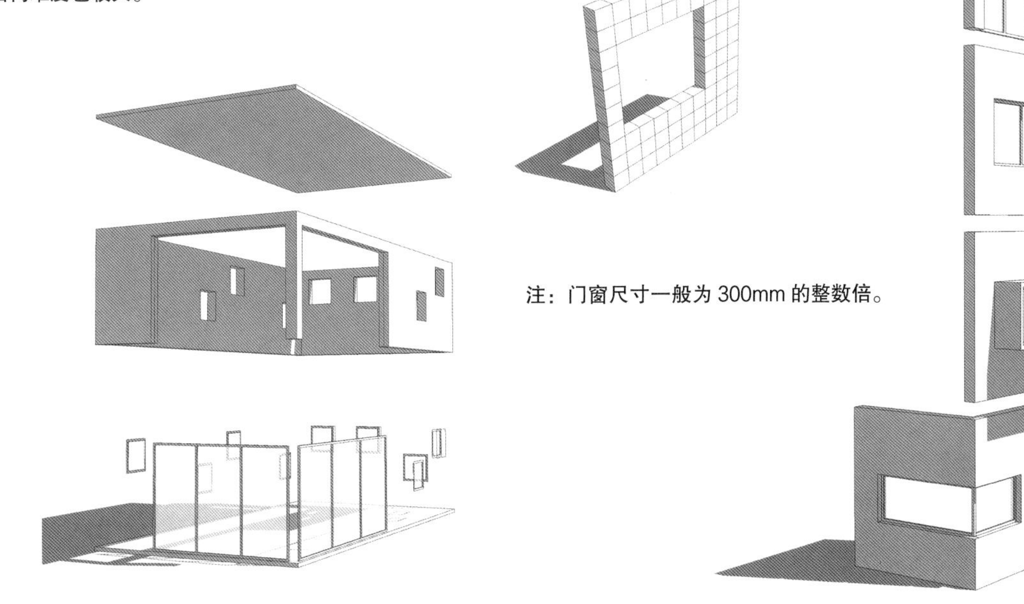

注：门窗尺寸一般为 300mm 的整数倍。

若干单体建筑的组合也是一个搭积木的过程，三个盒子就存在许多种排列组合的方式，将 3 号盒子架在错开的 1、2 号盒子之上，其下出现了过道，也可以视作“亭”下空间。如此便需考虑 1、2 两个盒子屋顶的利用，以及设置楼梯上屋顶平台和进入 3 号盒子。

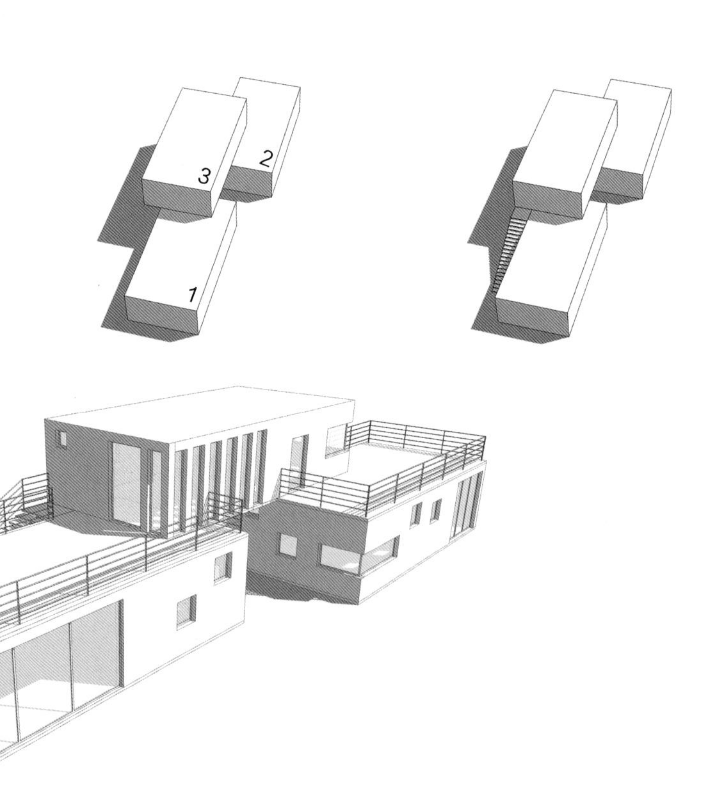

建筑墙体材料众多，常见的有夯土、木、砖、石、混凝土等，至于墙体贴面就更多了。但是无论从生态，还是美学的角度来看，一切多余装饰都是没有意义的，比如干挂石材或者用残瓦断砖贴在钢筋混凝土墙体上。除非是出于保护墙体的目的，建筑应该尽量呈现材料的本来面貌——青砖、木头，或清水混凝土。

木质

清水混凝土

小青砖

建筑的优劣，与其说是关乎建筑设计，毋宁说是取决于对建筑与环境关系的处理。

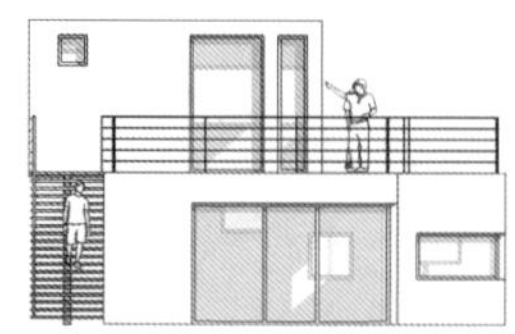

我们经常觉得萧山民居建筑丑陋，其实与许多建筑大师的“杰作”相比，热热闹闹的萧山民居要鲜活得多。它寄托着一个地区、一个时代人们对生活的向往。最关键的是，它是温暖的。

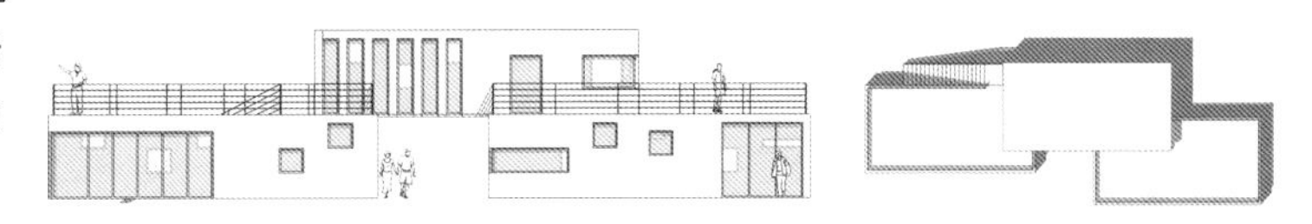

2. 魔方建筑

初学建筑设计者很容易失去尺度，因此我们不妨用 3300mm 的立方体作为一个单体进行组合，而 300mm 也是我国建筑的常用模数。虽然只是两组 8×8 的阵列组合体，其组合方式却犹如围棋的千古无重局，变化万千。组合与叠加后产生了具备中庭、露台和外廊的建筑。

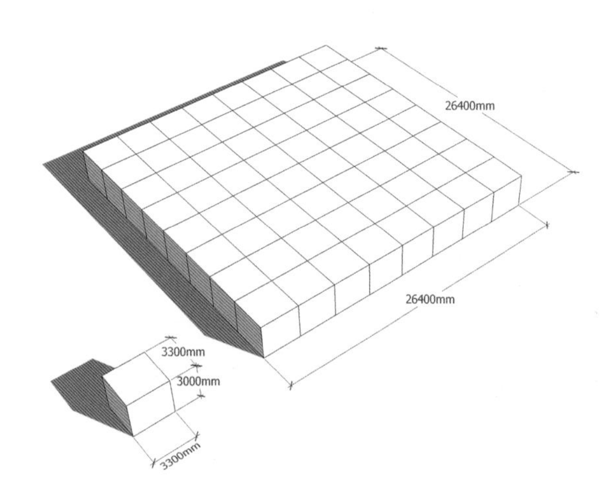

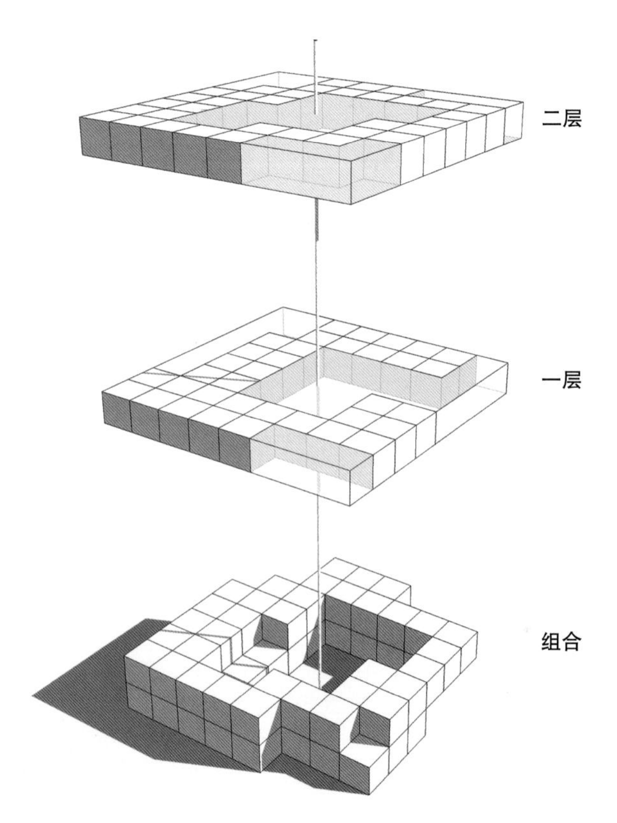

要把房子立起来就离不开柱和梁，我国的森林覆盖面积逐年下降。故现代建筑比较常见的是钢筋混凝土框架体系，通过钢筋混凝土梁柱体系传递水平和竖向荷载，墙体不受力。3m 立方体可以视为一个跨度单位。左侧墙体略微平淡，可适当做墙面切入变化，小型建筑虽应尽量避免锐角，但适度的锐角变化可使建筑产生“锋利”的设计感。悬挑则使建筑的光影变化更为丰富，立体感更强。而下部空间形成外廊也能使建筑与环境取得和谐。

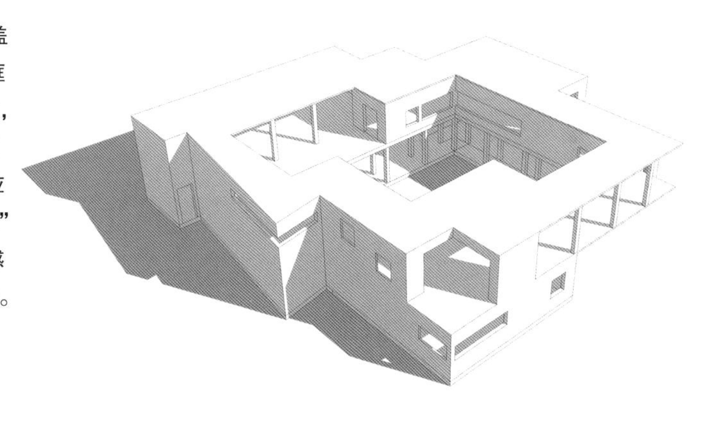

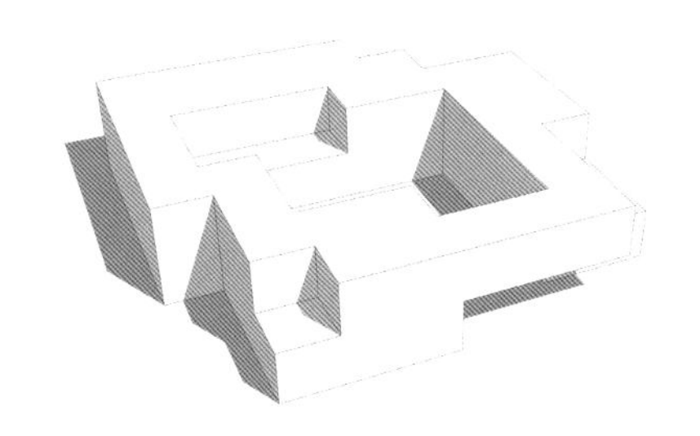

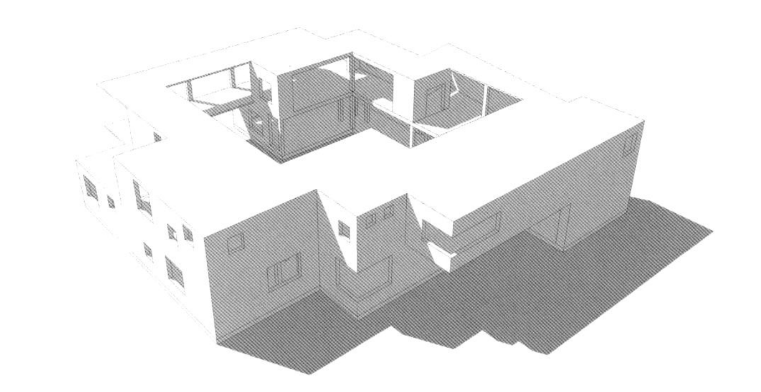

现代建筑相较传统建筑的优点莫过于明亮，而明亮正是玻璃所能赋予建筑的。

体量庞大的建筑充斥着城市，也充斥了人们的生活。在追逐梦想的路上，我们是否已经走得太远，而忘记了出发时的目标与方向。

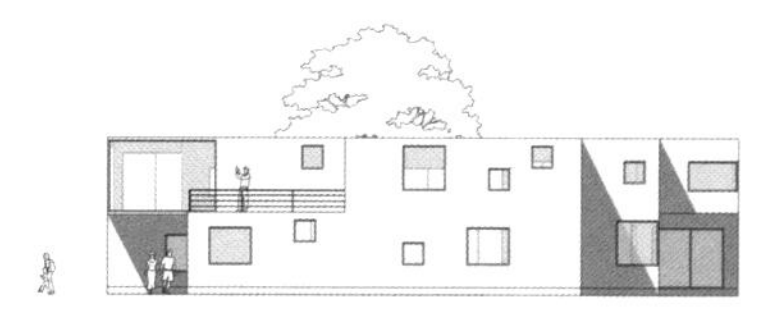

过于追求建筑表皮的材质变化，而忽略空间本身，都是舍本逐末。故这本书中呈现的建筑不以表现其材质、色彩为主，而只呈现白色墙体的抽象效果。

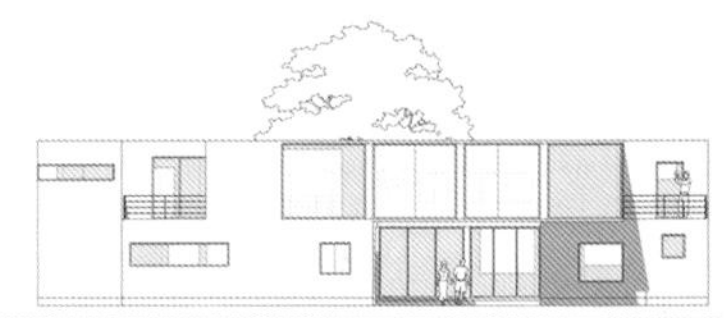

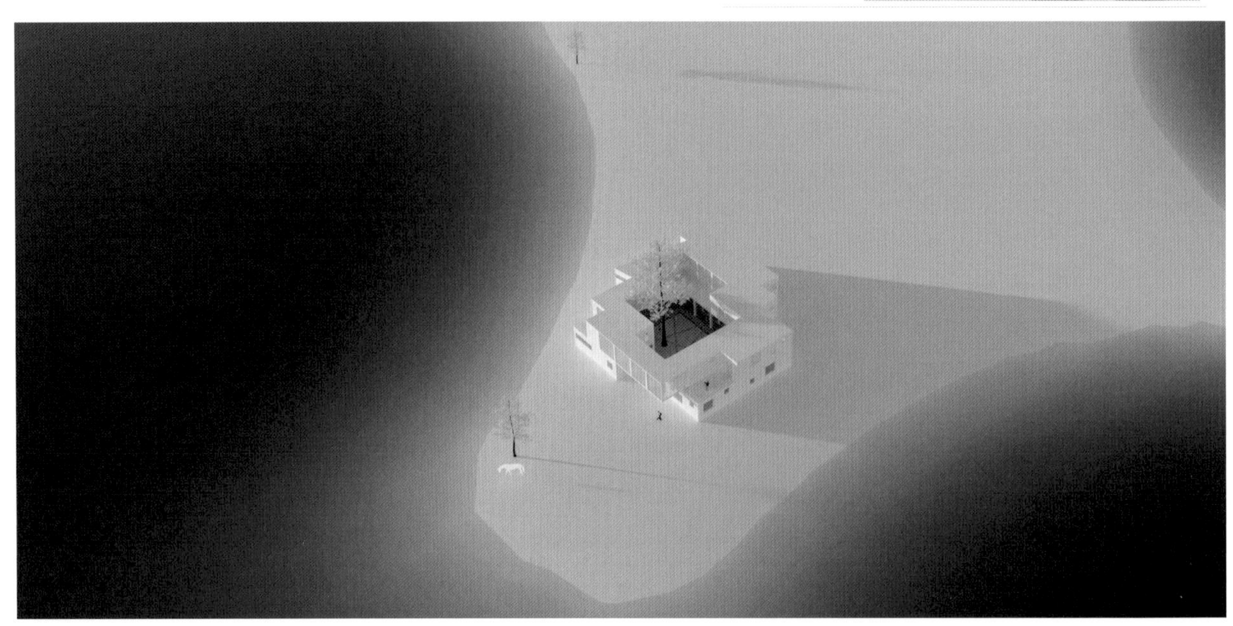

3. 蜂巢建筑

六边形能以最小的周长去平铺一个平面，也就是说蜂巢结构可以用最少的材料去建造一座内部空间最宽敞的建筑。

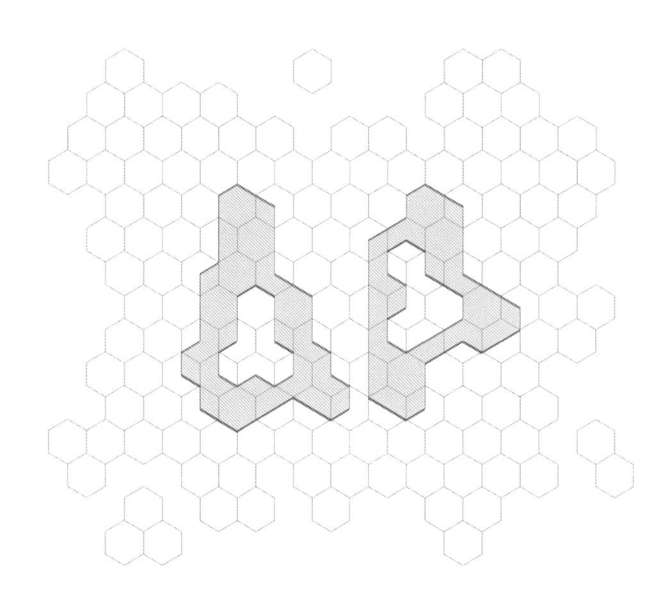

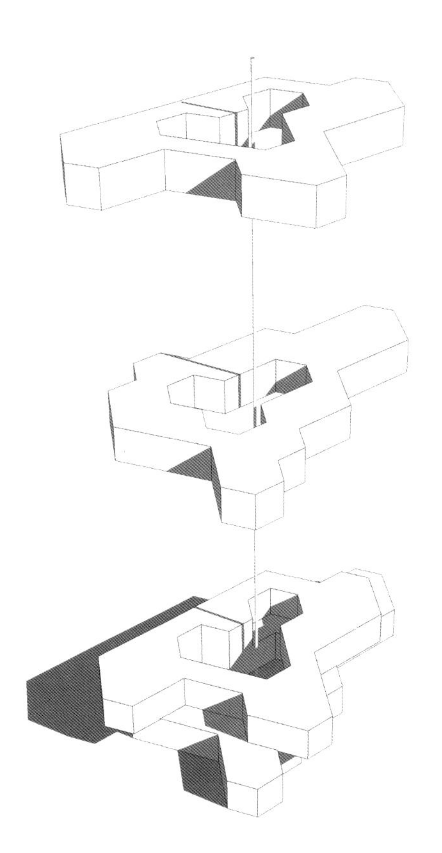

三个向量的建筑产生了更多的面，更多的面使每个房间都能均衡地沐浴到阳光。这也是建筑为何需要转折的原因所在，并非只是为了看起来形体更丰富。

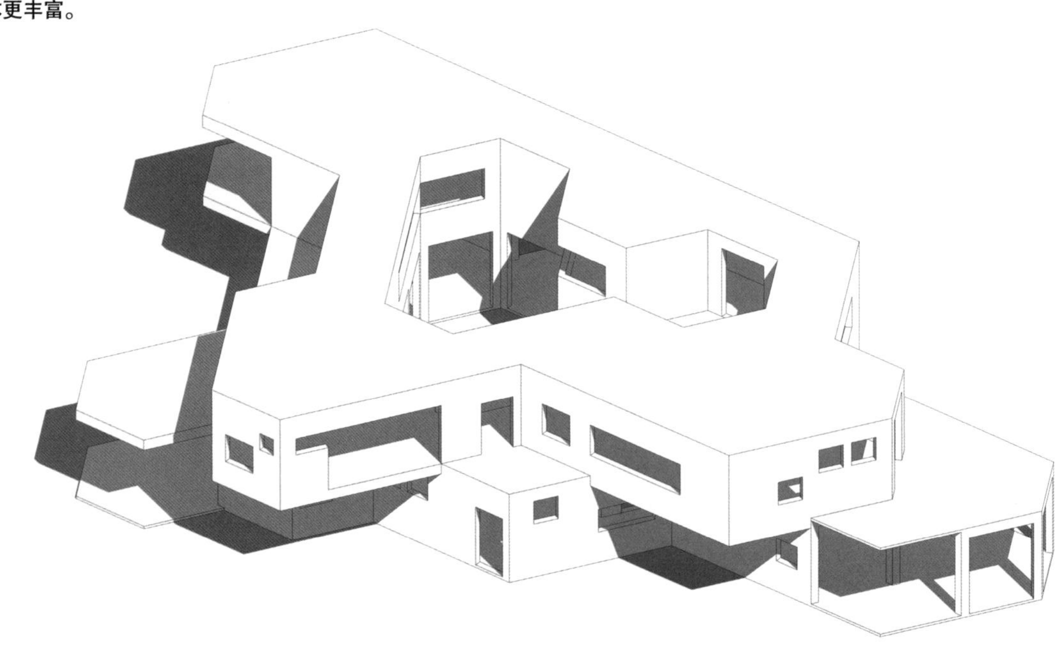

少即是多；少不是无趣，而是质朴却有温度，简约而明亮。

三个向量使建筑的立面多了一个灰度面，形体更加丰富。三角形的平面结构也更加稳固。

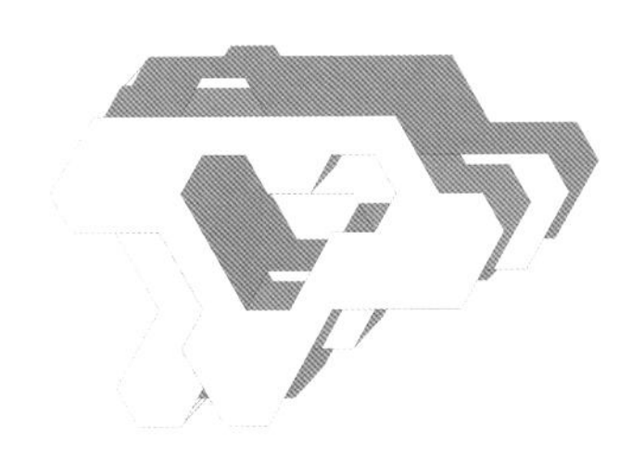

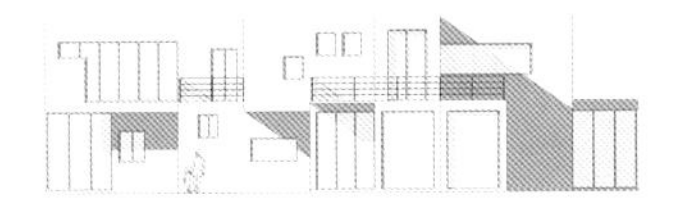

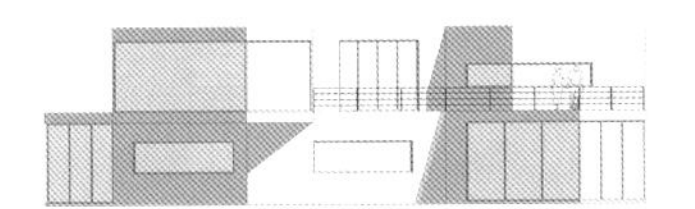

4. 中空长屋

我国的传统建筑基本都是院落形式的：北方的四合院，徽州的四水归堂，杭州、绍兴的台门等。我们不妨把院子“竖”起来，矩形盒子顶上再建一个泳池。

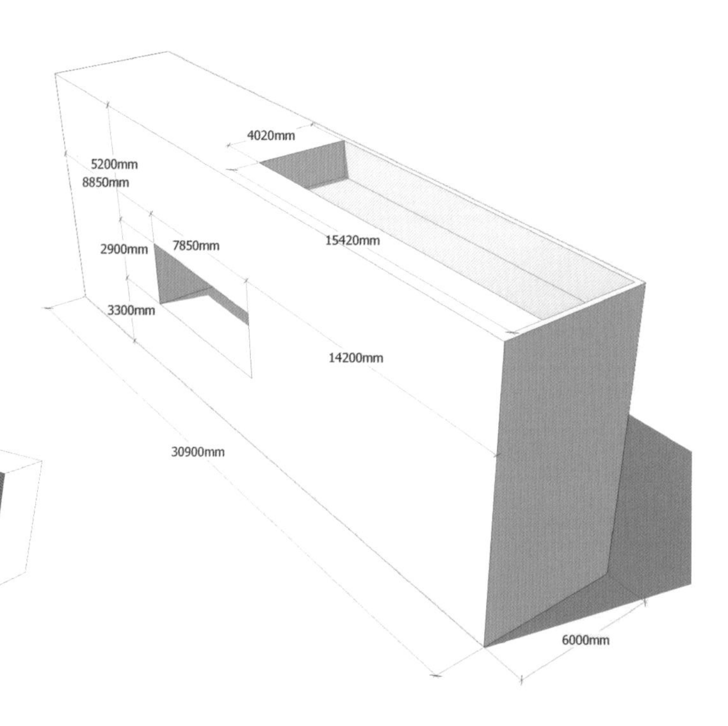

造房子也像是雕刻，最初的盒子还是个混沌之物，需凿之以七窍。一个盒子想成为什么？也是“道”的无为与顺应。建筑的骨架、空中庭院、屋顶花园、阳台、门、窗、楼梯便是建筑的“七窍”。庄子曰：“七窍成而混沌死”，但混沌消亡，其中的空无才有其价值。

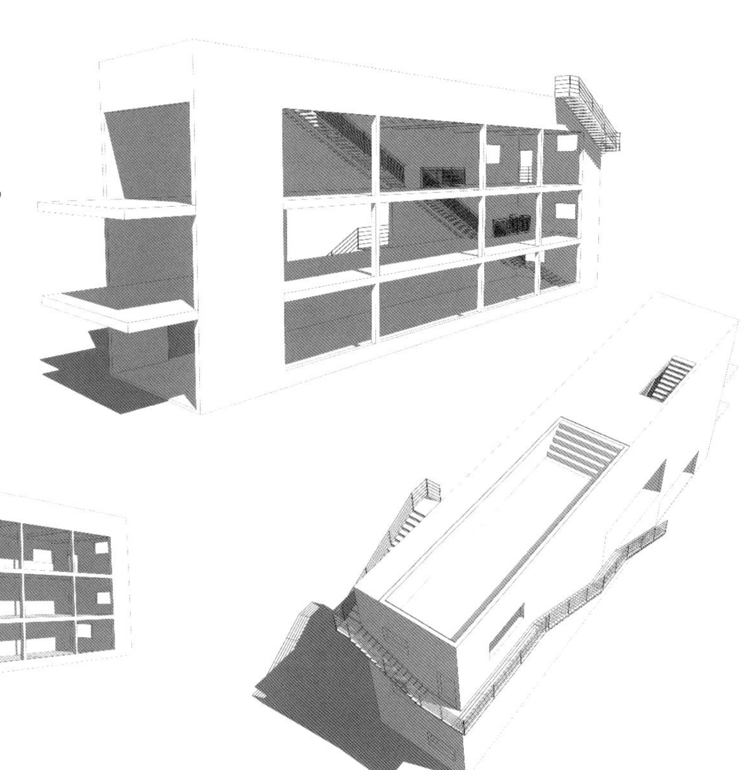

从建造难度来讲，实在没有比简单方正的盒子式建筑更简便的了。建筑的出奇制胜不一定要靠“拗造型”来获得。

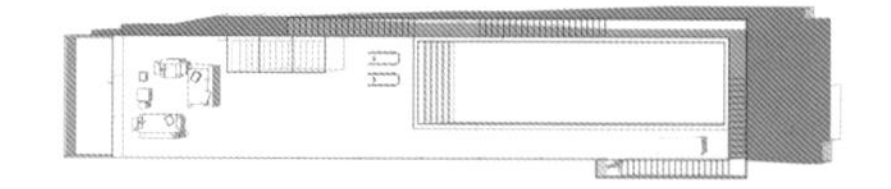

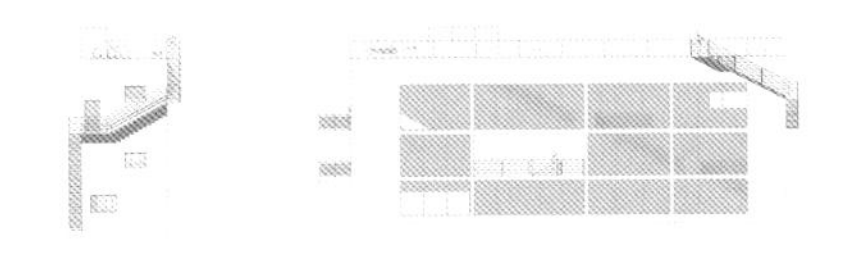

东方绘画、诗歌的审美意趣尤为崇尚留白。宋代马远的《寒江独钓图》，一整张画面中但见一叶扁舟，一位垂钓老者，几笔水纹，即可令观者感受到江水浩渺，天地空寂。建筑的留白也正体现在极简主义，少即是多中 。

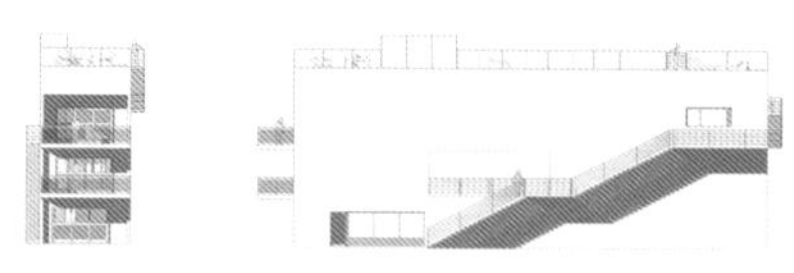

5. 船的建筑

在建筑越来越追求“高”“新”的时代，是否应该考虑地球的负载。就如海上的行船，吃水越深，就越平稳，越安全。

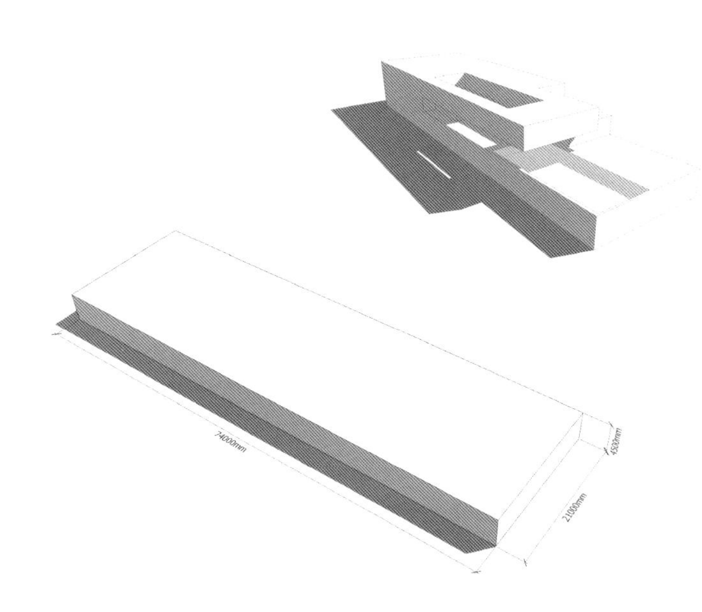

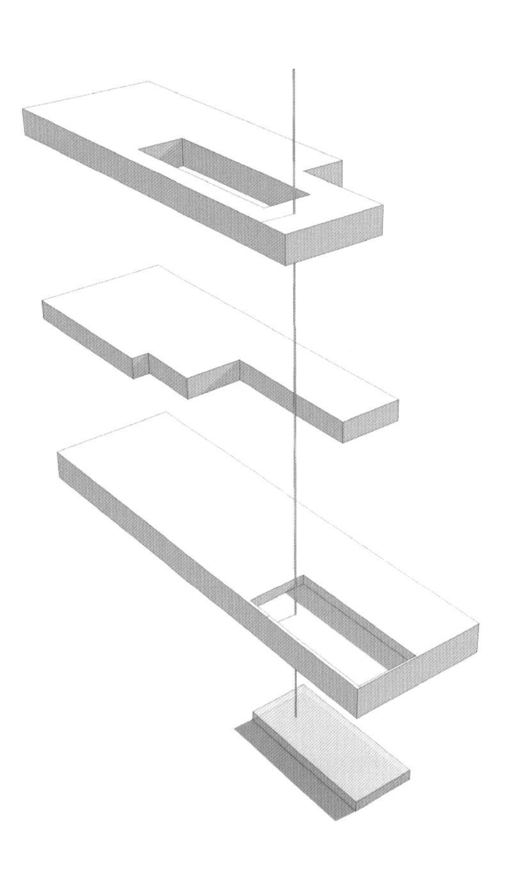

因为有了一个泳池，所以需要一艘船；因为一艘船，所以需要几层甲板；因为甲板，所以需要几部楼梯；因为一棵树，所以需要一个天井。形式追随功能也好，形式启迪功能也罢。路易斯·康曾说：“你无法创造一栋建筑，除非你充满喜悦！”

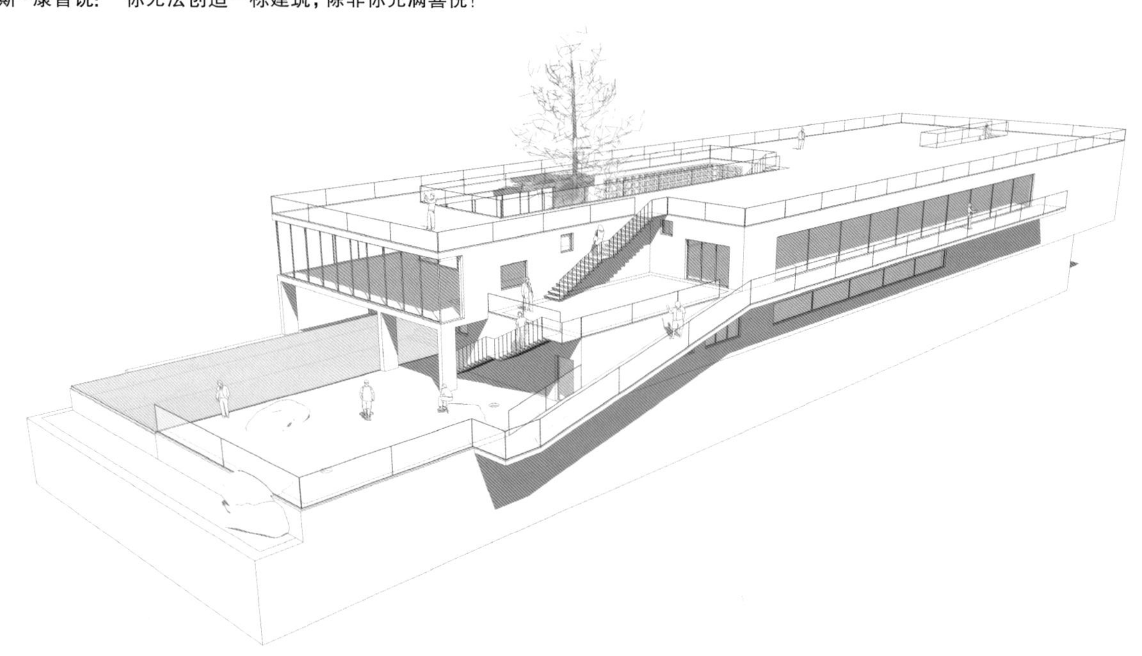

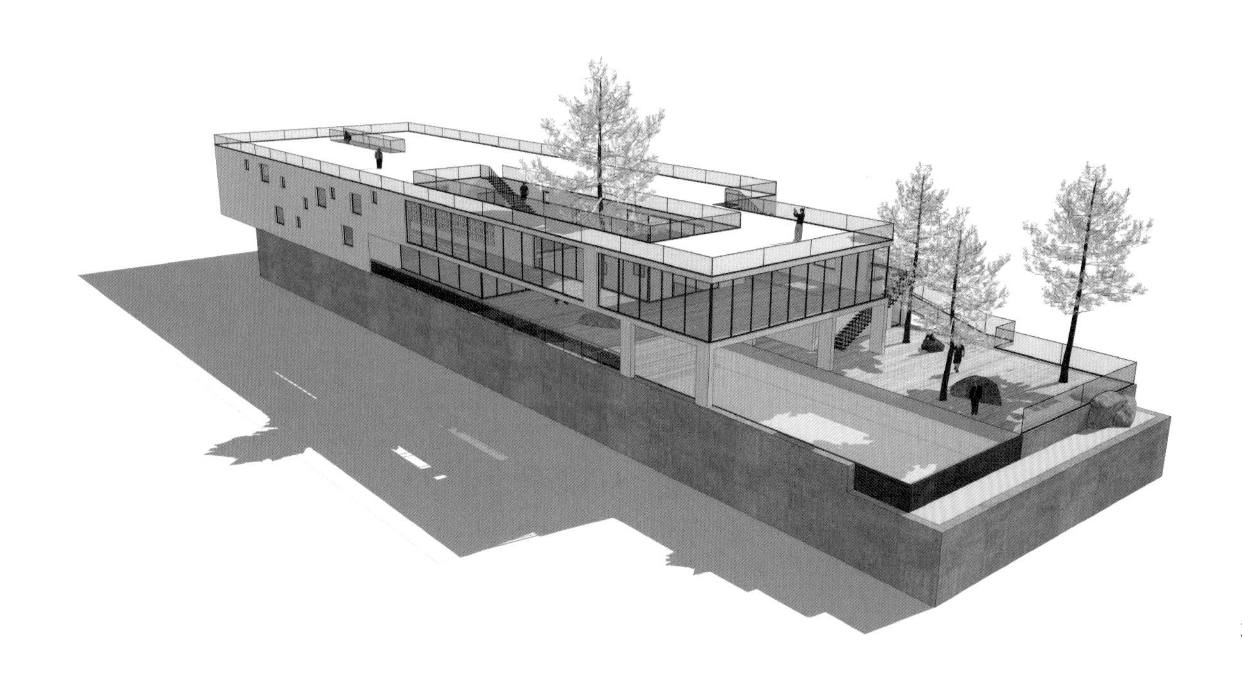

有了一艘船，所以需要一片海。

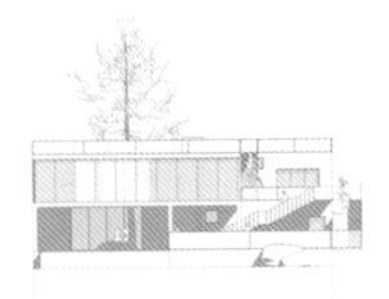

设计师用各种理论粉饰自己的设计意图，比如这个建筑可以解读成生长在云雾蒸腾的雨林里，也可以说成是在矢车菊盛开的湖岸边。无非名相，道可道，非常道，再精妙的建筑也不可能比一棵树更神奇！

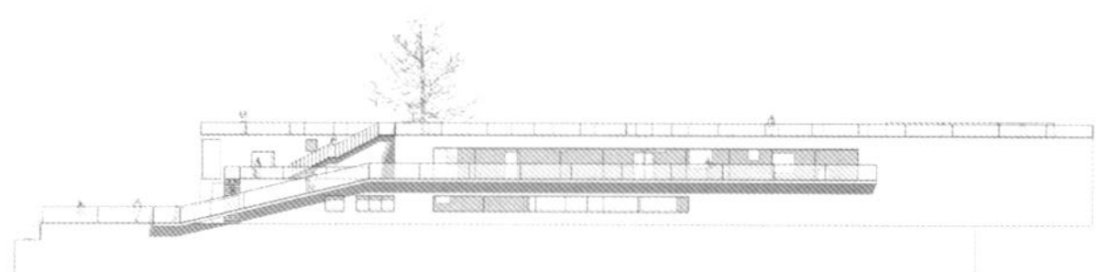

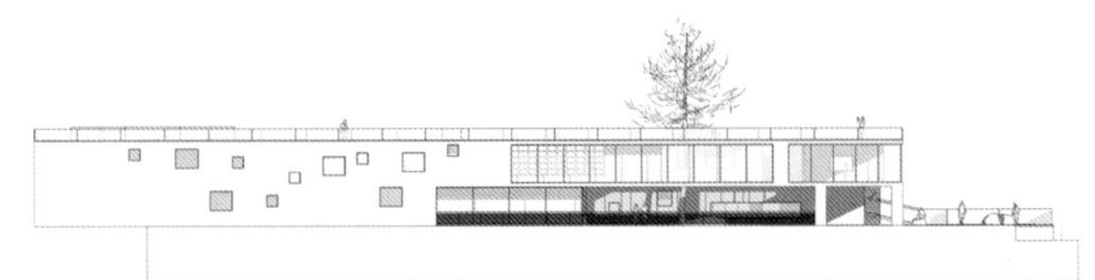

进退、架空、转折、中庭、露台、屋顶花园、泳池、室外楼梯，小建筑也可以完美地拥有这一切。

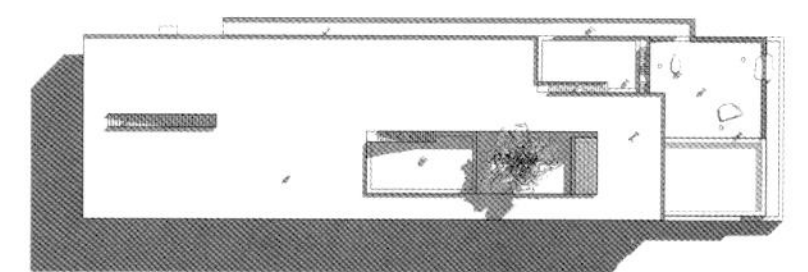

6. 方管建筑

纸箱子或者集装箱打开两端的门就是一个方管，两端装上落地玻璃很容易形成带走廊或阳台的建筑，互相咬合并呈 90° 的两个方管可以使建筑四面透光。

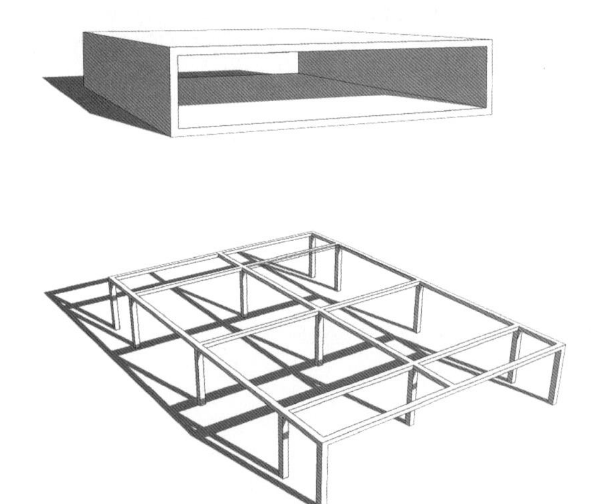

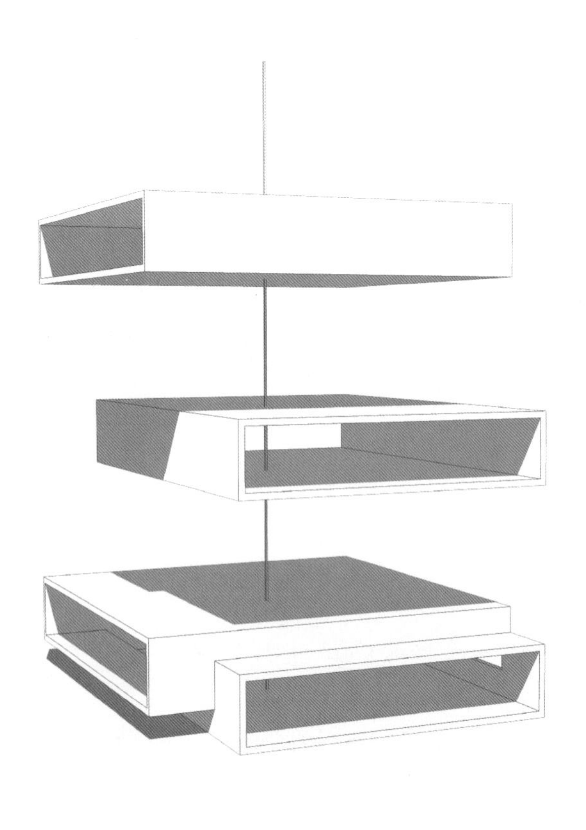

虽然依旧是一层的建筑，但无论室外还是室内都可以做出丰富的错落变化。朴素之美是永不落幕的潮流。

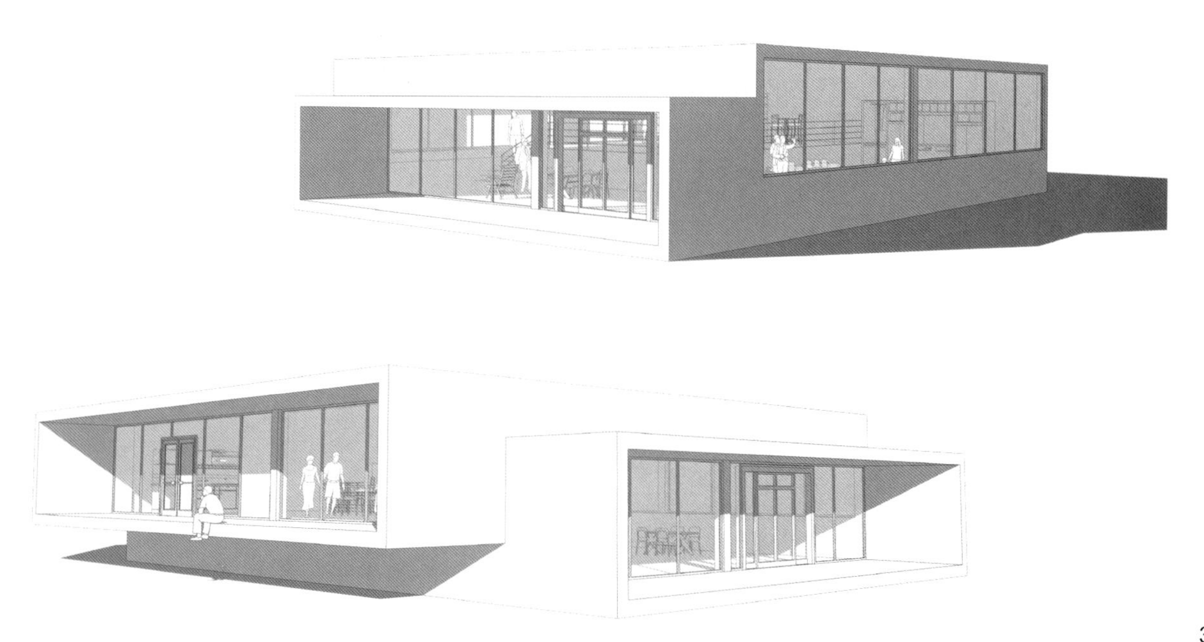

由于人眼视线的水平性质，宽银幕式的玻璃幕墙或门窗能够获得最多的信息，使屋外的景物扑面而来。

建筑拥有檐廊，从使用上讲极为便利，人们可以在此晒太阳、乘凉、喝茶、听雨、看花，檐廊沟通着建筑的内外空间。

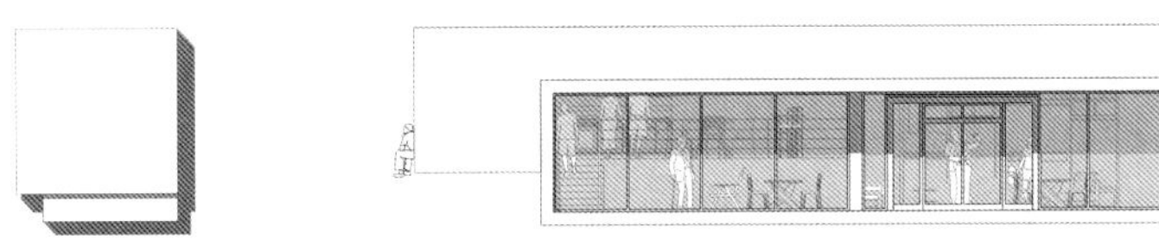

7. 书本建筑

书店里的店员会把书摞得饶有趣味，一本硬封书籍不就是一座建筑吗？封面是他的墙体骨架，纸张就是它的空间。两本书错开堆叠已经是座相当不错的建筑了，若是把封面再往外延展一些，建筑就有了挑檐和露台。

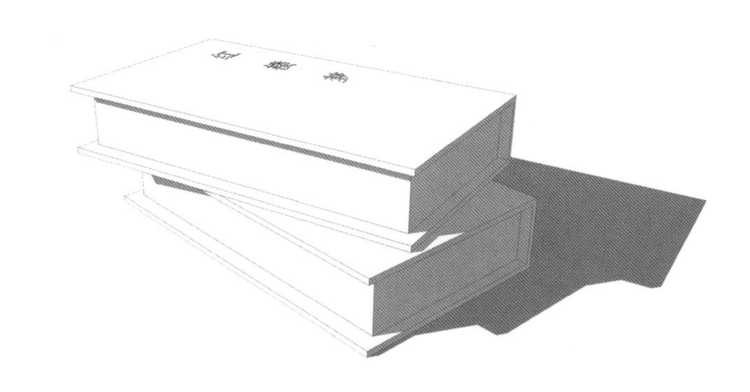

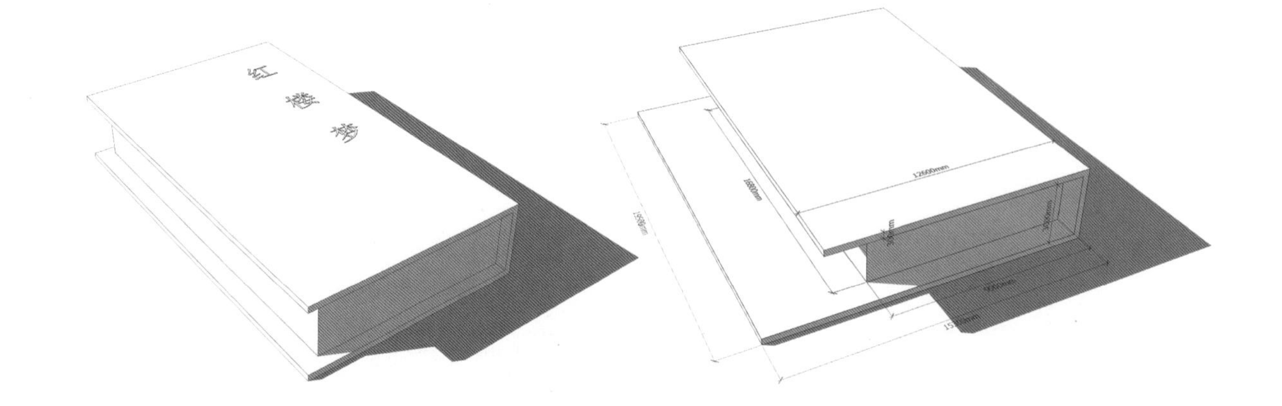

横向“书本”的内部空间我们得考虑设立柱子，而竖向“书本”的柱子则演变成了楼板；横向拥有舒展的大空间，竖向则是多层空间。经过每本书体空间上下、左右的变化，便能够得到丰富灵动的形体组合。

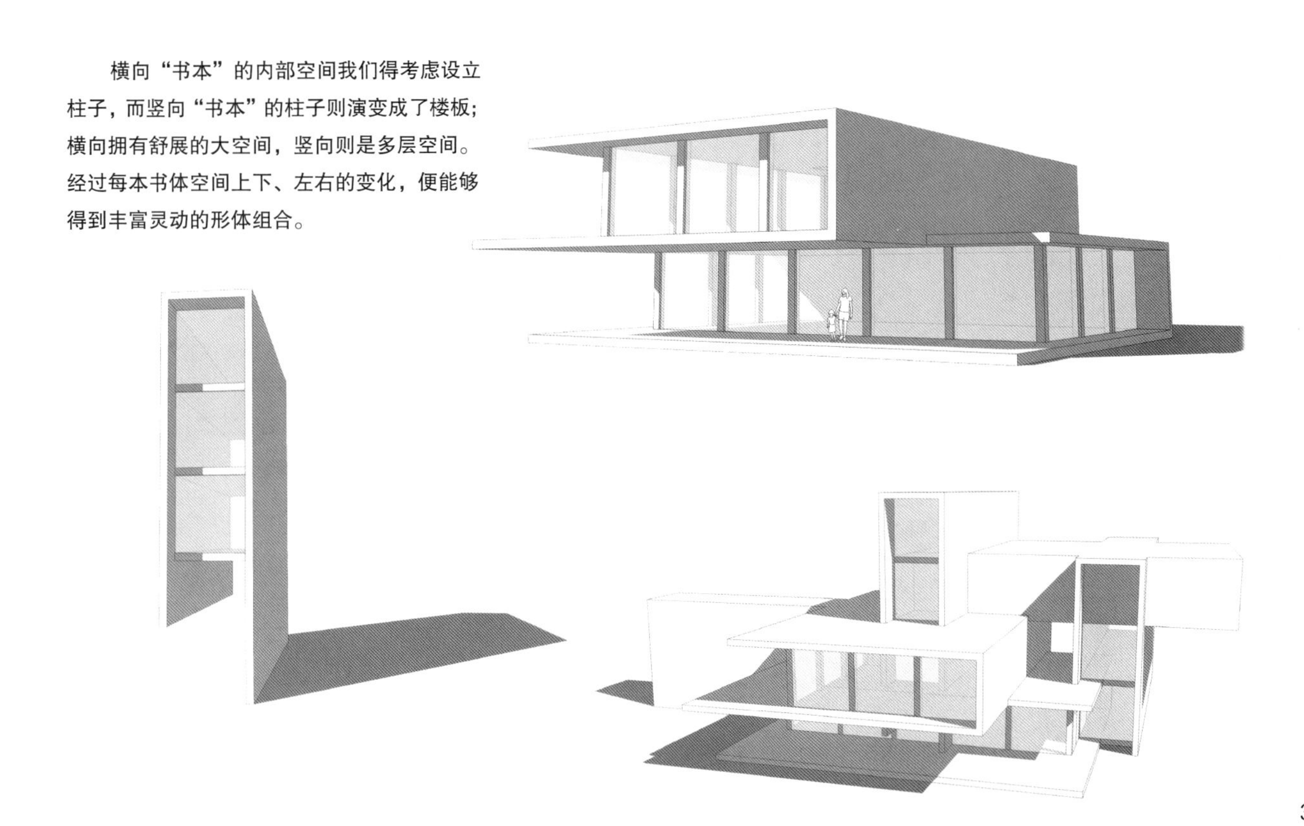

建筑体块灵活组合，两层高的巨大平台高低错落。二层平台向前方挑出，三层平台向左右伸展，形成赖特流水别墅般空间、体块穿插交错的有机建筑。

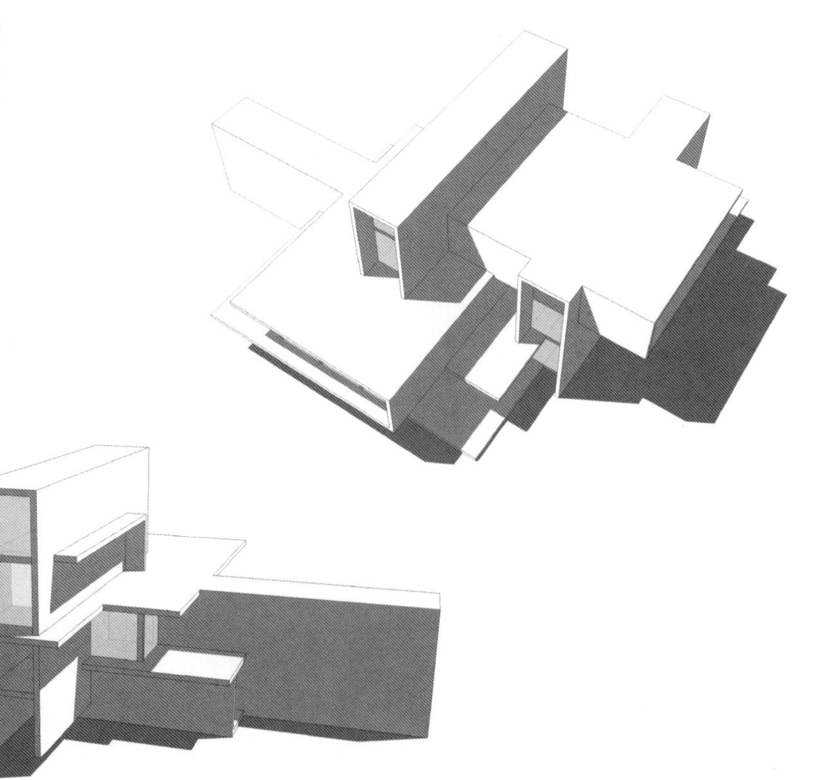

立卧、正反皆可，书皮构成建筑的外墙和楼板，而书本内页则构成通透的落地玻璃。

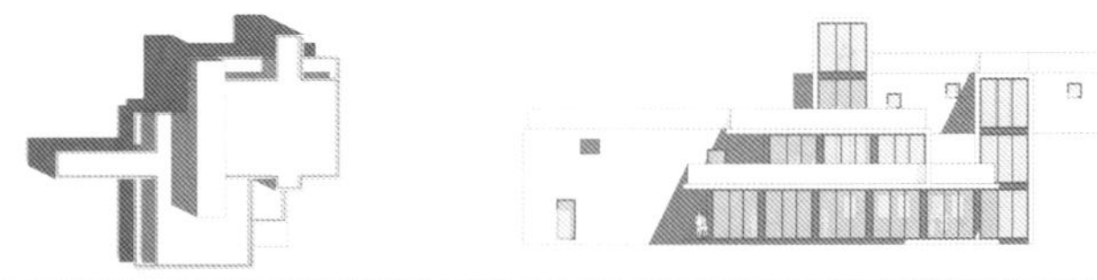

建筑需要有过渡空间沟通室内外；阳台、露台、走廊是建筑的，也是环境的。对于居住者而言，仅有一个小阳台的房子只能算是“鸟笼”，是不够人性化的，在人类追求诗意栖居的道路上终将被鄙弃。

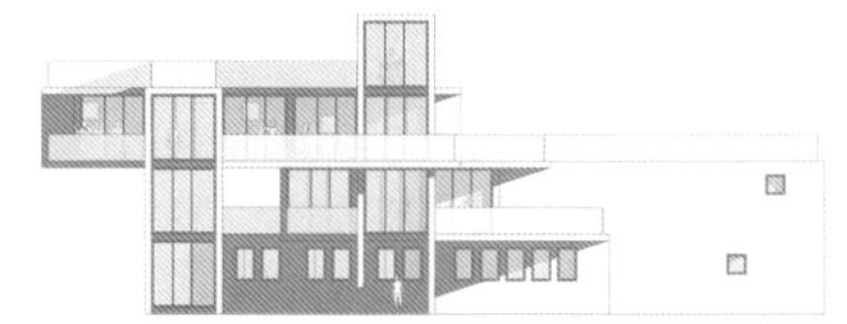

8. 集装箱建筑

如果将集装箱看作是一块硕大的积木，相同规格的钢柜亦能堆叠出千变万化的形态。儿时小伙伴们叠罗汉不也是建筑的启蒙教育。

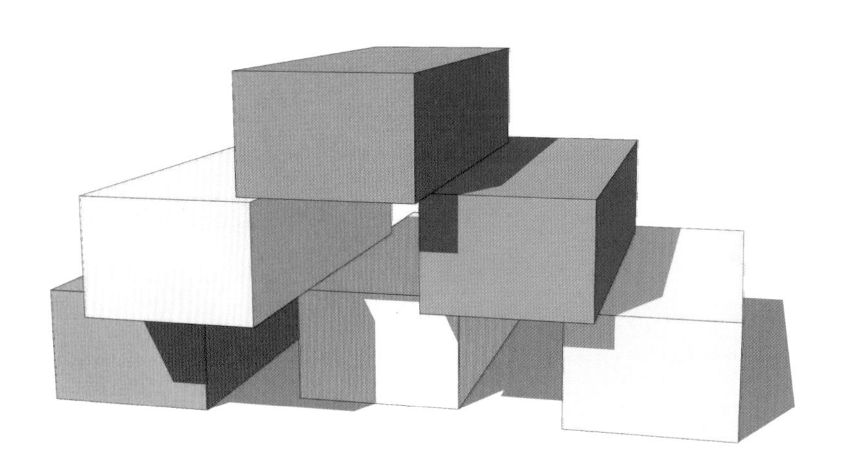

随着人类的发展，或许会产生游牧般可移动的居所，允许房子跟随人的工作生活而迁徙。

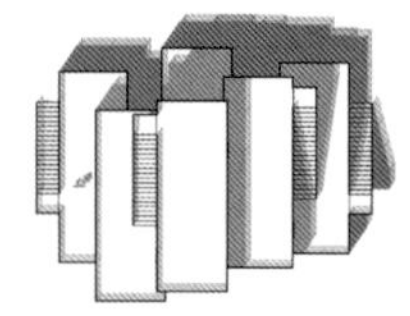

盒子本身构成居住空间，而盒子之间也形成了空无的“弄堂”。

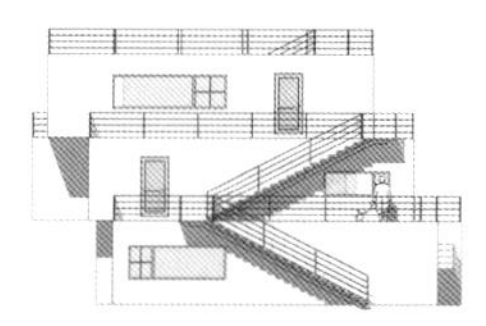

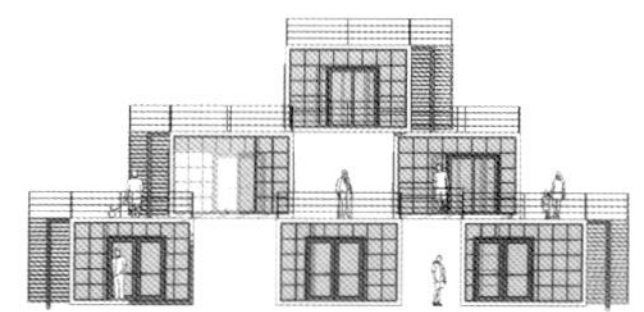

2 切割建筑

米开朗琪罗讲过大抵如此的话："天使就在这石头里，我只是不停地雕刻，直至让她自由！"在他眼里大卫就在巨大的原石之中，他要做的只是去除掉不必要的部分。对于建筑师而言，一个立方体也可以凿出千变万化的建筑形态。

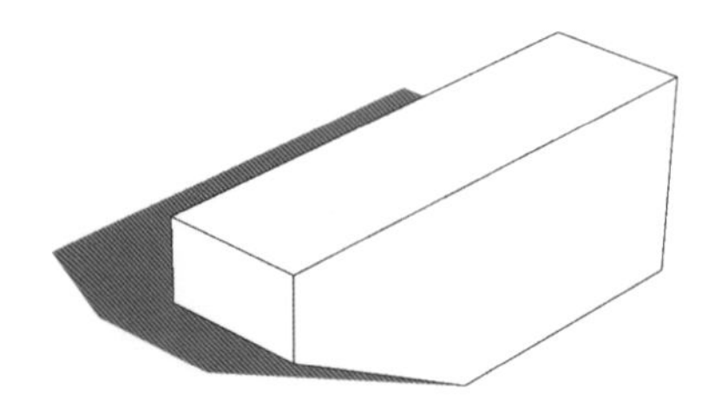

9. 璞玉建筑

翡翠包裹在原石的外壳里边，一刀挥去，尘尽光生，翡翠般的建筑就此诞生。

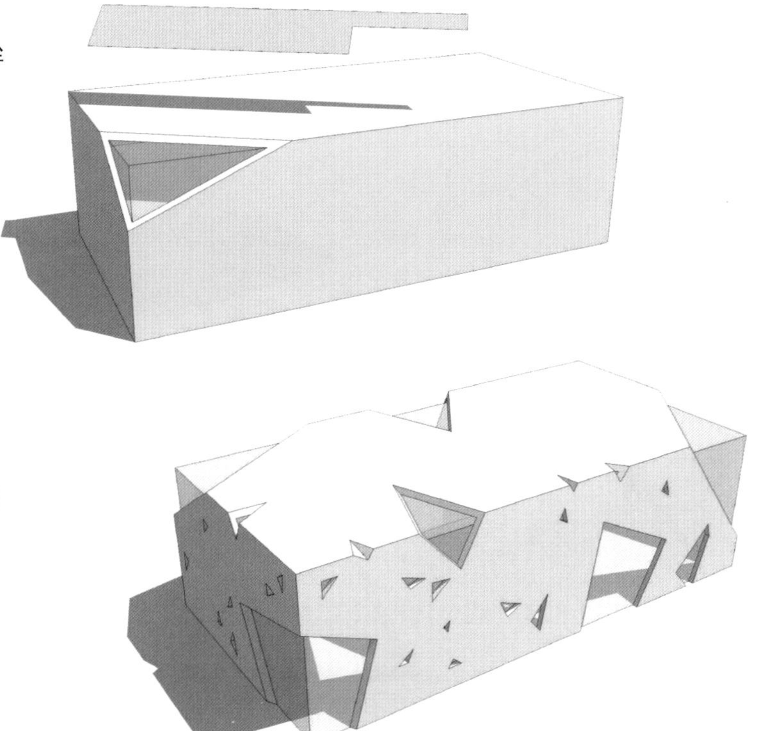

何必珠玉，椟也可矣，翡翠的原石外壳也是建筑的一部分。

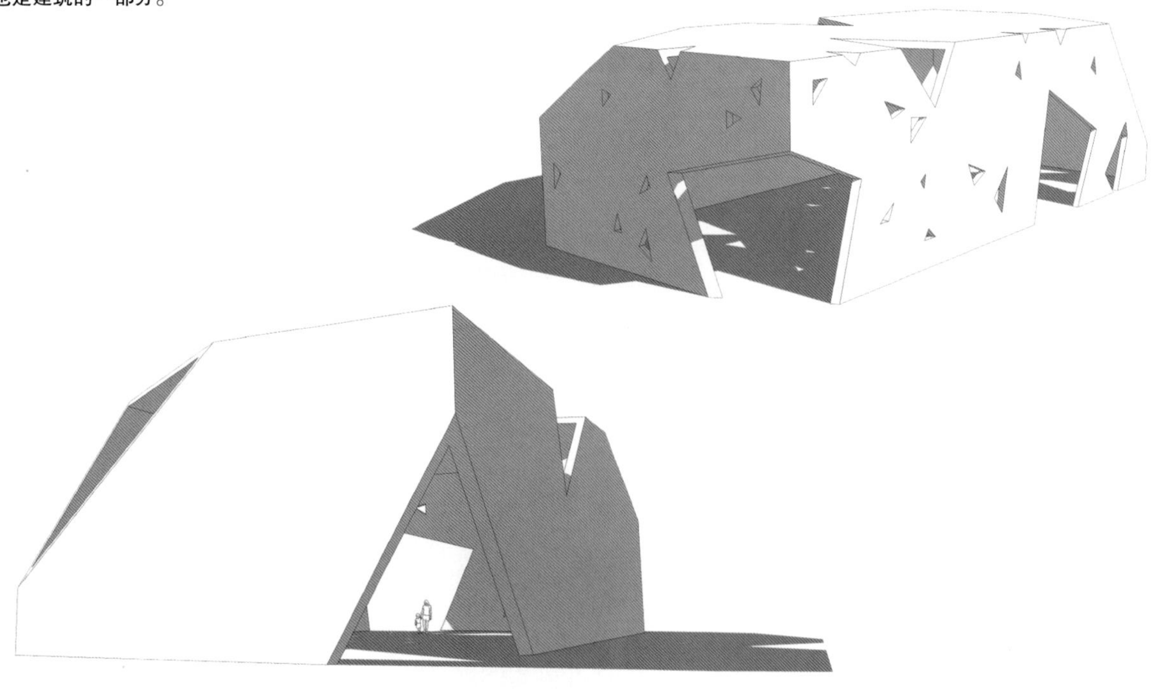

璞玉般的建筑其实由三部分组成：骨架（梁柱结构体系）、玻璃与实墙表皮。

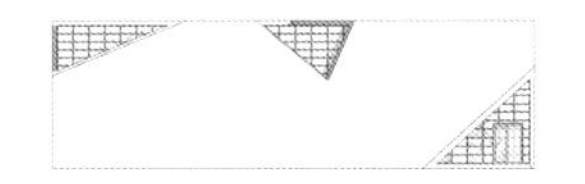

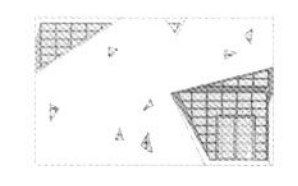

对于玉和玻璃，没有了光就无法体现其存在的意义。

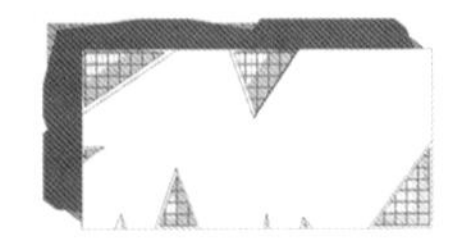

10. 切豆腐建筑

常见到菜场里卖豆腐的人用一片白铁皮毫无滞涩感地切割豆腐，是一件极为赏心悦目的事情。不同方向的斜向切割可以创造出妙趣横生的建筑形态。

切割后随机拿掉若干块豆腐将形成完全不同的建筑形态，一块巧克力糖，一个四合院，抑或是多面体钻石。

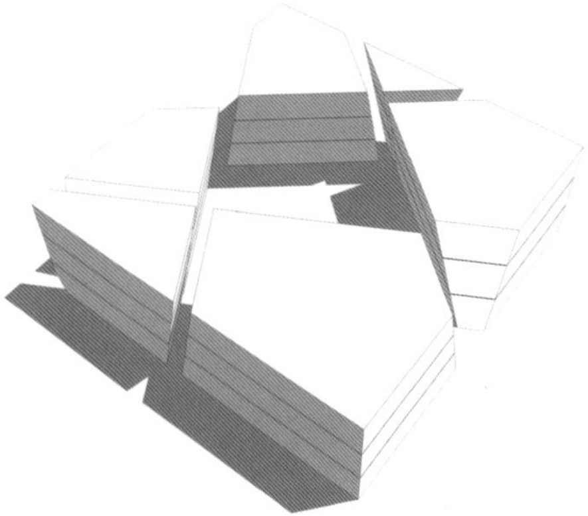

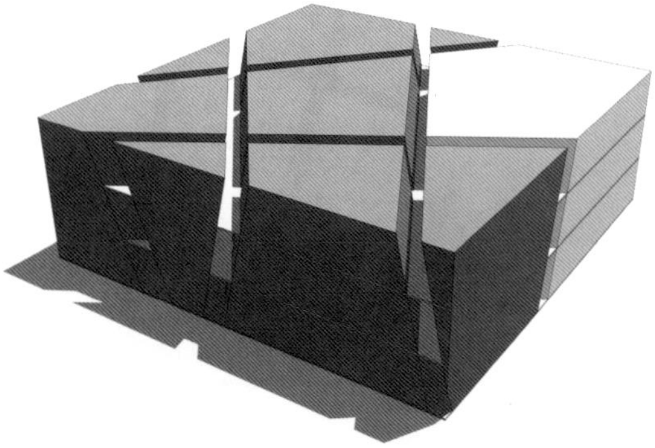

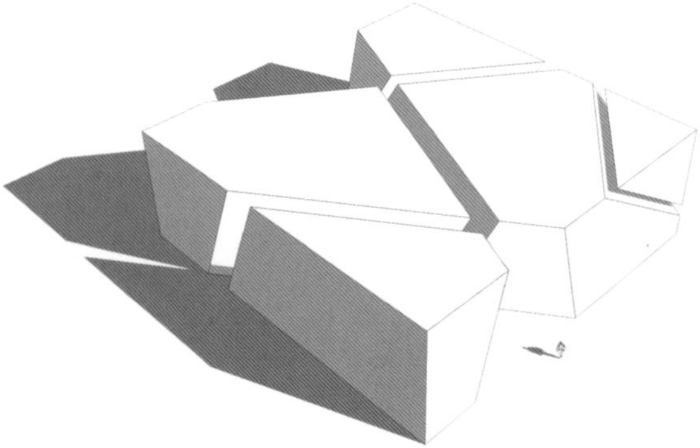

安上各层楼板，选择若干面覆以玻璃幕墙，切割线构成走廊，建筑的基本框架就此呈现出来。

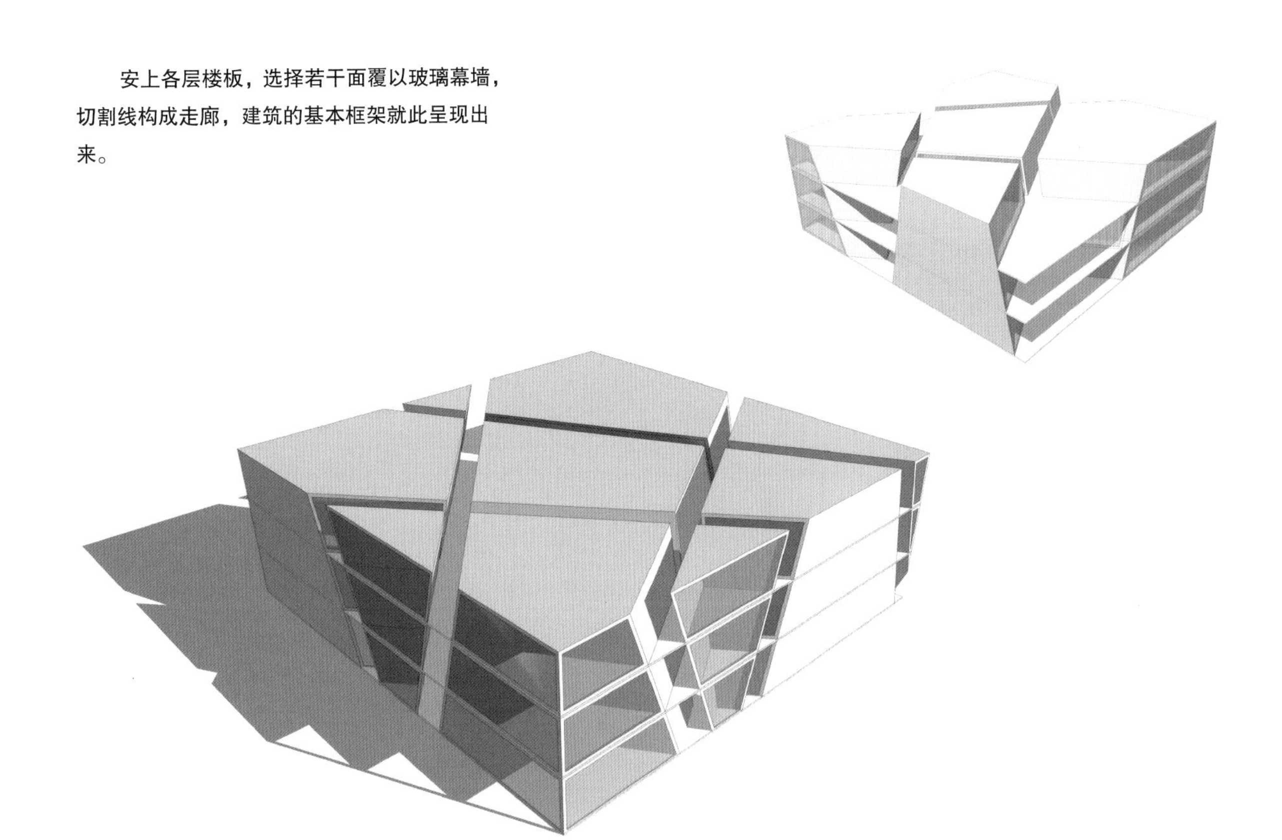

人们总是追求永恒之物，正是因为追求永恒，人类创造了许多伟大的建筑；但最终即使坚硬如钻石也有烟消云散的一刻，更何况建筑。所以让一块豆腐变成发光的宝石的一刹那也就定格了它永恒的美。人是一根会思考的芦苇，即使无常也难掩思想火花的永恒。

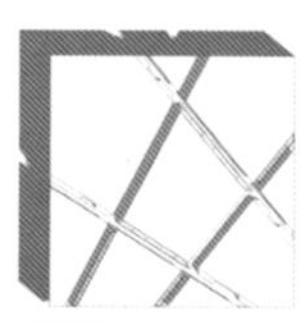

不过，这种切割终究会对建筑空间的使用功能产生一定的浪费。

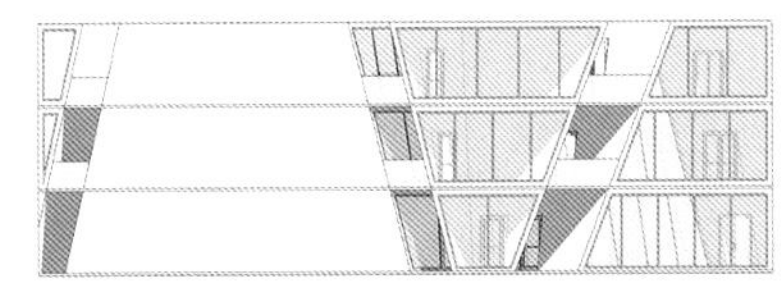

11. 剪纸建筑

剪刀剪出建筑细微的夹角，产生曲折的空间、光明与幽暗。好的建筑可以反哺环境，建筑不能只考虑居住者本身，它影响到的是所有途经此处的行人的视线和感受。

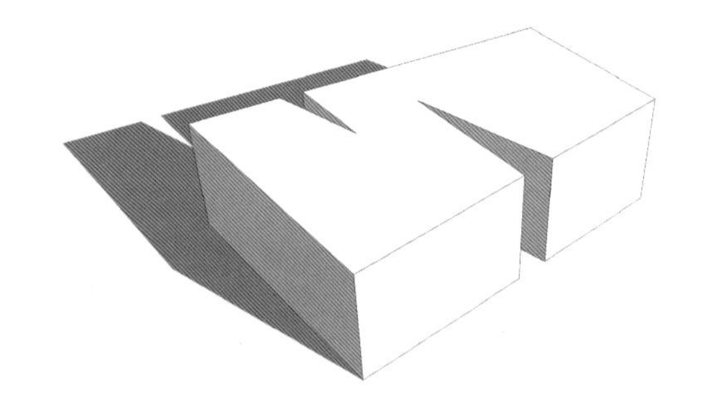

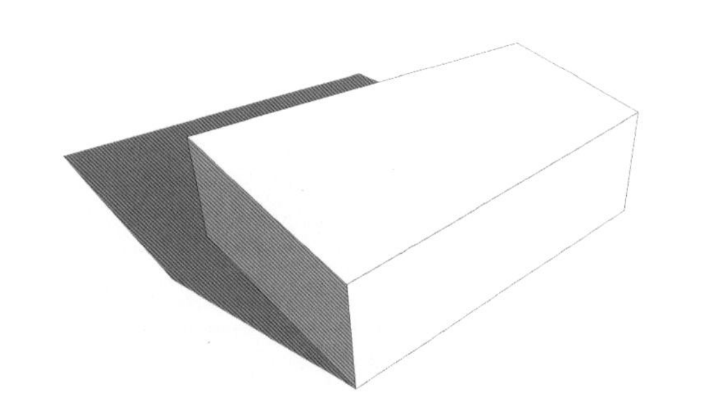

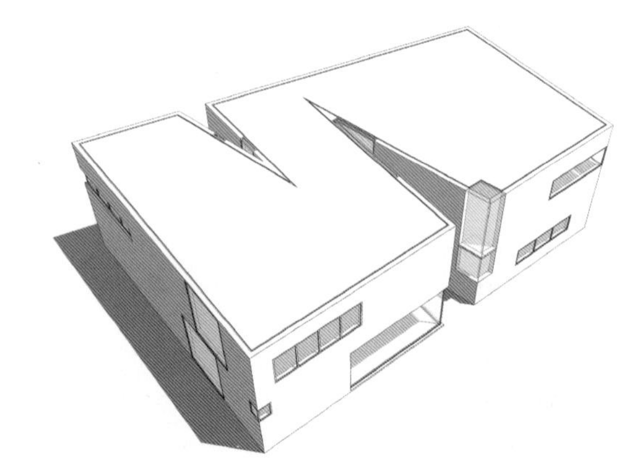

若是从历史的眼光来看，建筑都是当下人们普遍价值追求的反映。从城市中相似度极高的楼盘可以看到人类的从众、拜金与孤独，因此 20 世纪伟大的思想家汉娜・阿伦特在《平庸之恶》中描述了大量缺乏思辨，自感孤独、无力的“平庸的人”，会不顾一切地盲目从众，他甚至会像机器一样顺从，“平庸的恶可以毁掉整个世界”！建筑中的平庸有时是盲目从众，有时是标新立异，有时则表现为失去人性的巨型尺度。

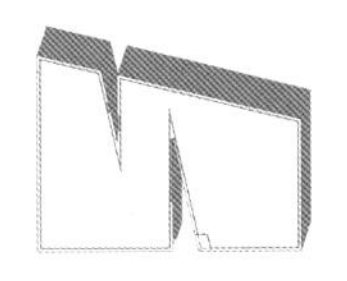

细微夹角的晦暗与光亮都使这座建筑变得可爱而归于光明。

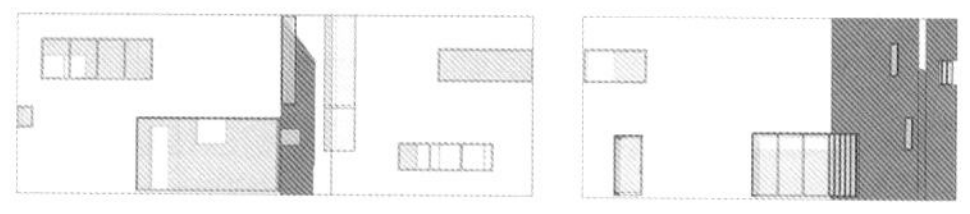

12. 削凿建筑

在森林里砍树，刀刃和树需形成一个锐角；垂直树干砍入，纤维就难以切入。而这样的斜面上覆采光天窗，使光线更容易进入室内。透光十字架的凹缝从建筑外部提示了它的宗教性用途，同时也形成了一个能让光自上而下更容易进入的角度。

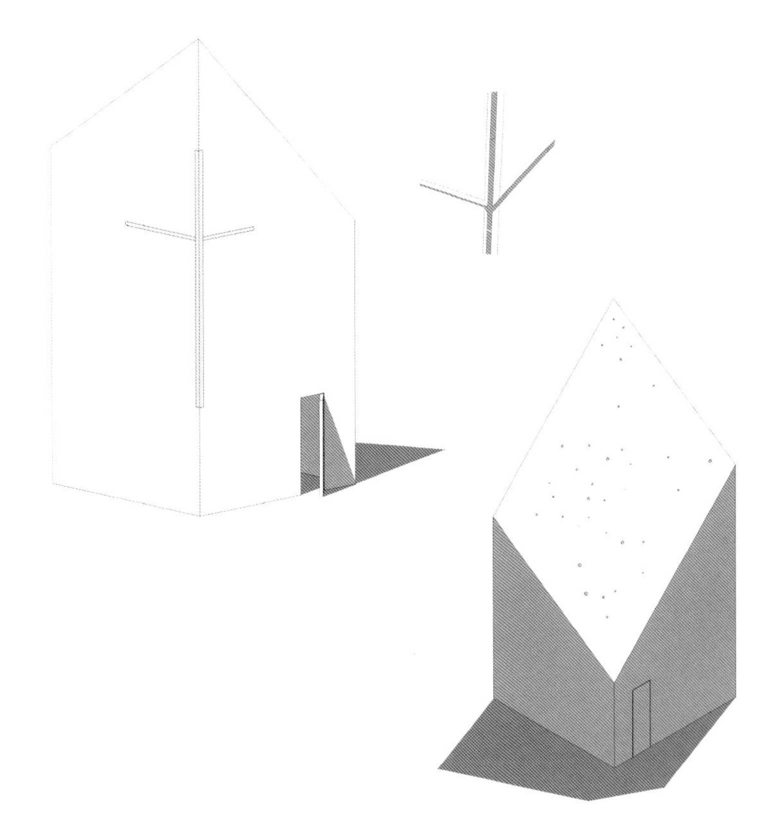

白天进入小教堂，仰头可以望见湛蓝的天空，而晚上则是繁星满天。

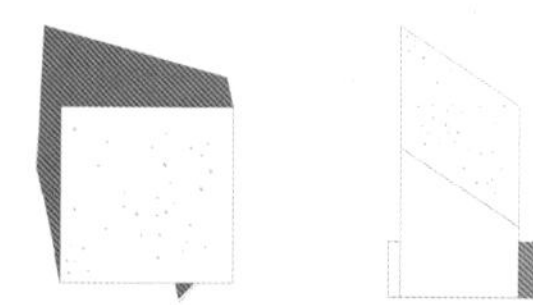

十字架也可以做成三棱镜，让光将室内折射得五彩斑斓。

13. 缺角建筑

一个立方体削掉一角有多种不同的方式，它能使建筑轮廓生动，也能使室内空间和光影变得丰富。

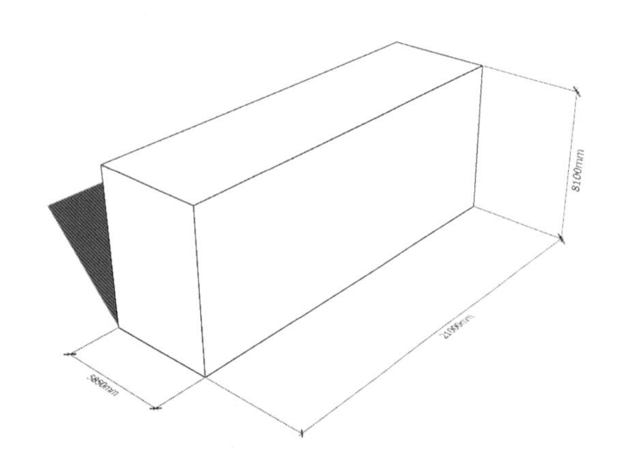

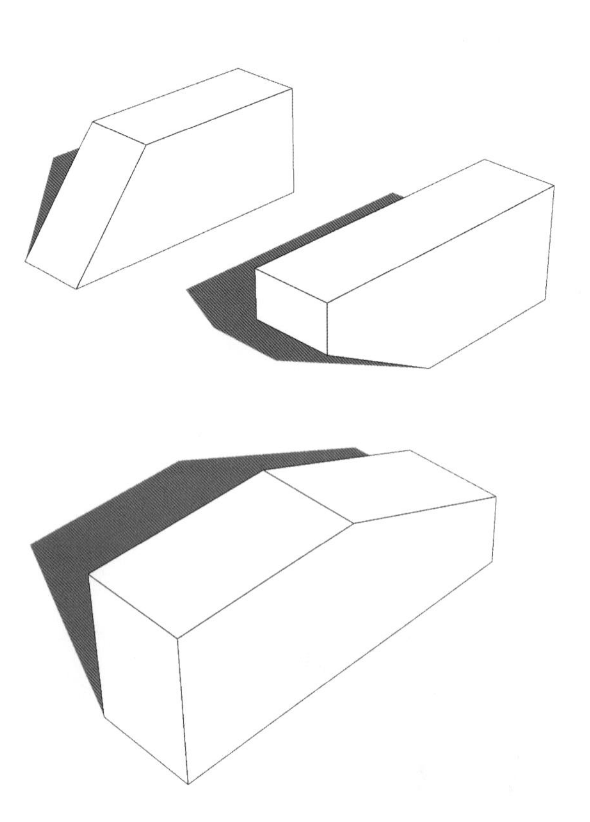

即使是微光，也能让空间变得不空。

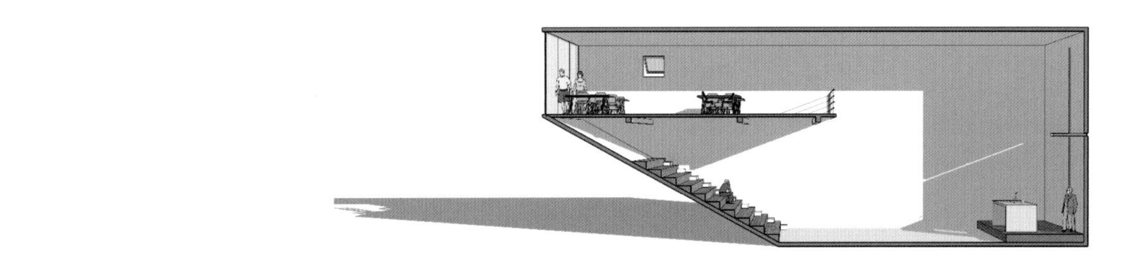

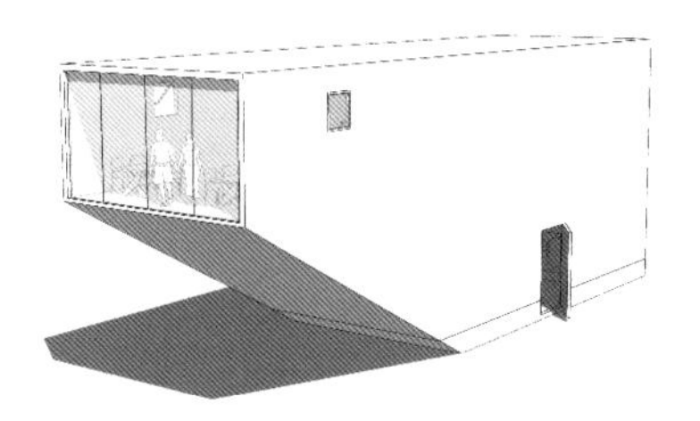

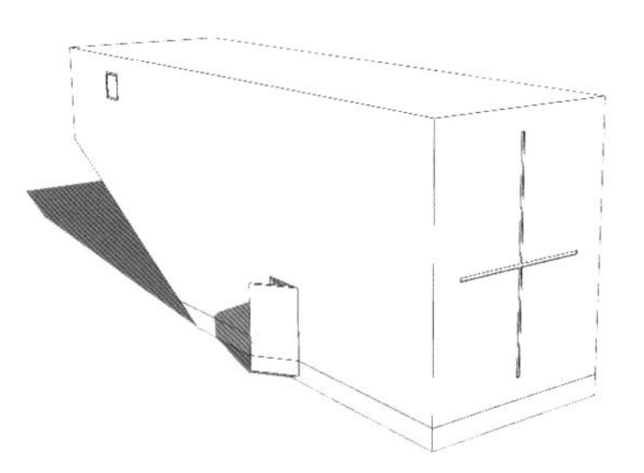

在教堂这类特殊功能的建筑中，光成了建筑的重要元素；和其光，同其尘。

建筑底下包裹 60 公分高的镜面，它能映射周边环境，使建筑“漂浮”起来。

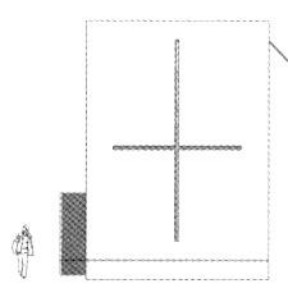

内可观心，外可观景。

被斜切的缺角方体也可以成为带厕所和屋顶花园的凉亭。

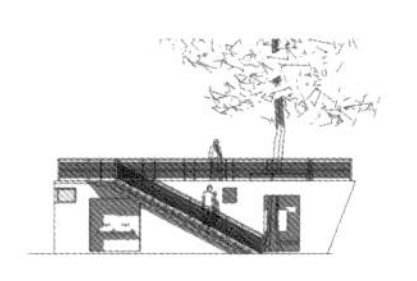

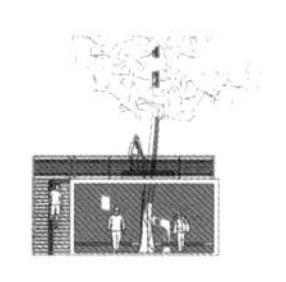

旧时江南的每个村口都会有路亭，路亭其实不是亭，两侧通路，两坡顶、无窗，内置长条石凳，供过路的人歇脚避雨，旁边则往往有一棵老香樟。此处的另一端设置了卫生间。

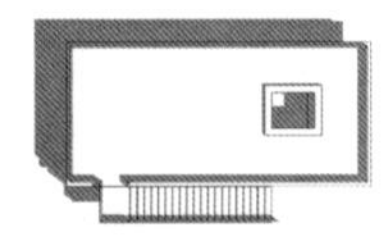

14. 石头里的大卫

大部分建筑都应该是方方正正的矩形体块，因为这样可以产生最小的能耗，获得最高的使用效率，但在受到场地制约的情况下，就需要将建筑“削足适履”，从而得到不规则的墙体和坡顶。

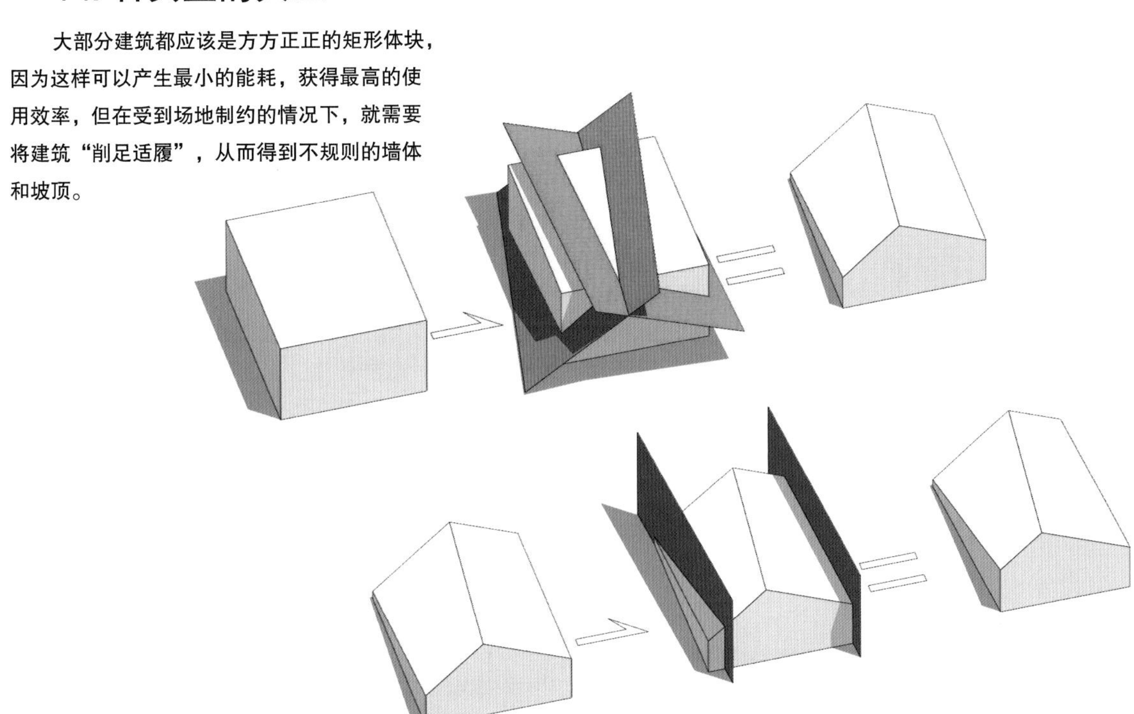

通过楔形镂刻来创造门廊和阳台，亦可在此基础上通过“移花接木”的手法，加强空间的趣味性。

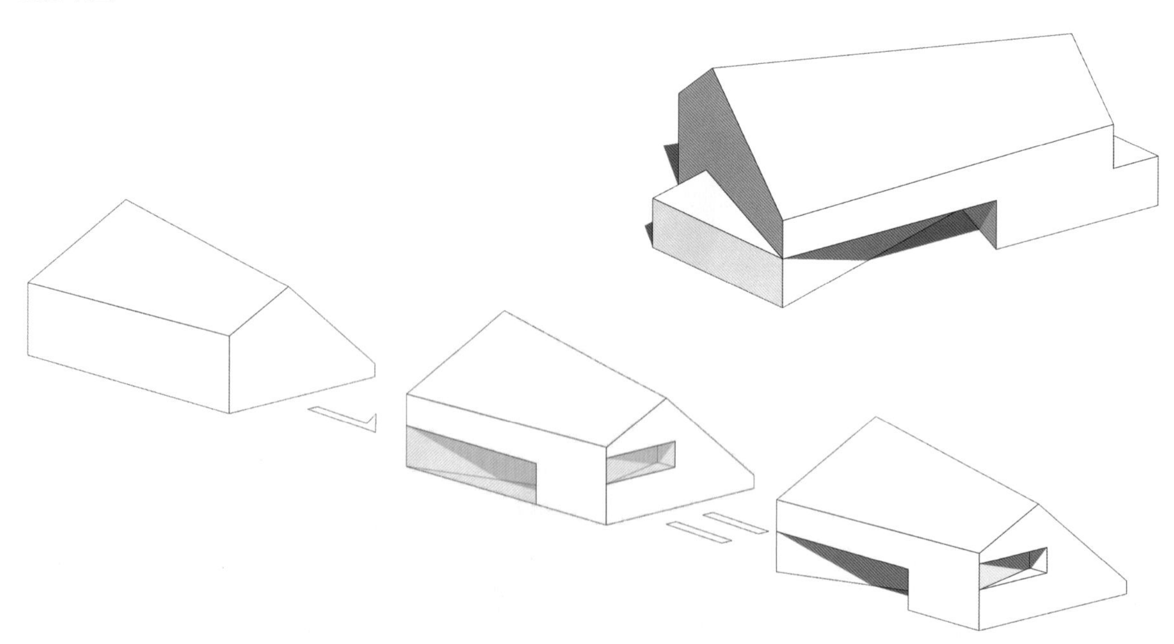

快要倾斜至地面的屋顶使墙和屋顶的界线变得模糊，老虎窗则改善了空间和采光。

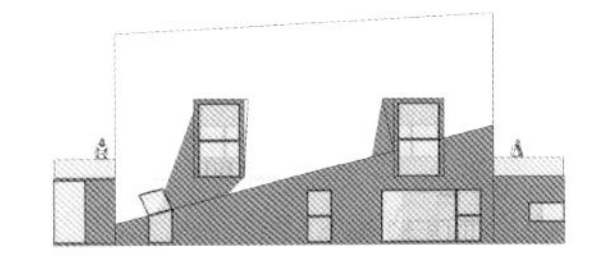

古典与现代，东方和西方，从人类建筑文明的角度而言，并无本质的差别。

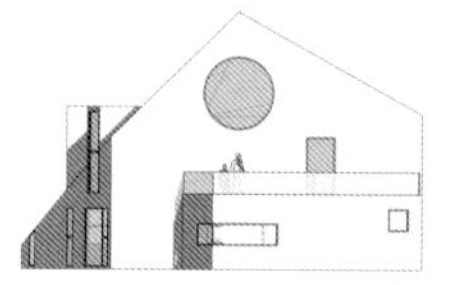

有机建筑也可以理解成随着使用功能的变化而不断发生空间改变的一个过程，或称为设计永未完成；因时而动，法无定法。建筑上没有什么事情是恒常不变的。

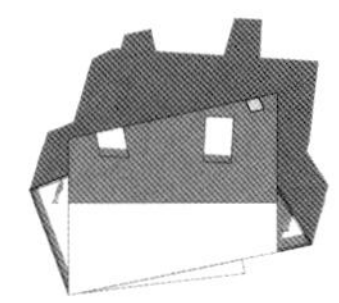

3 牵引与转动

适当的空间牵引就如被压扁的盒子，这种“不稳定”结构可以使建筑妙趣横生，轻盈灵动。转动则是相对于不同的楼层或者飘窗而言，产生了不同角度的墙面，使立面不再平板。两种方式都因为产生了多个不同角度的受光面而使建筑的光影变化更加丰富。

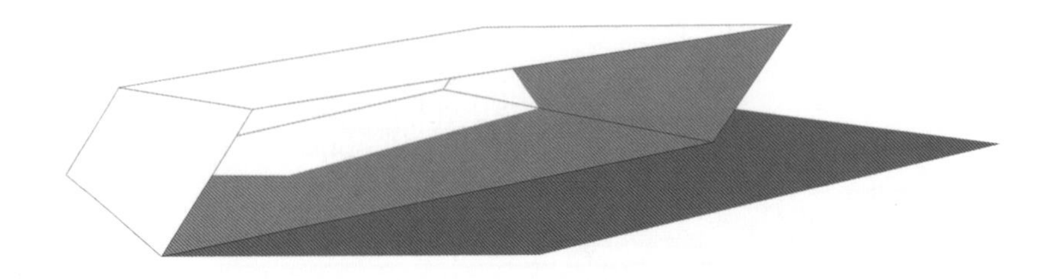

15. 牵引建筑

就如一个纸箱子被适当压扁，牵引后的面与面不再正交，这会造成使用功能上的损失，但可以令建筑具有不稳定感带来的趣味。

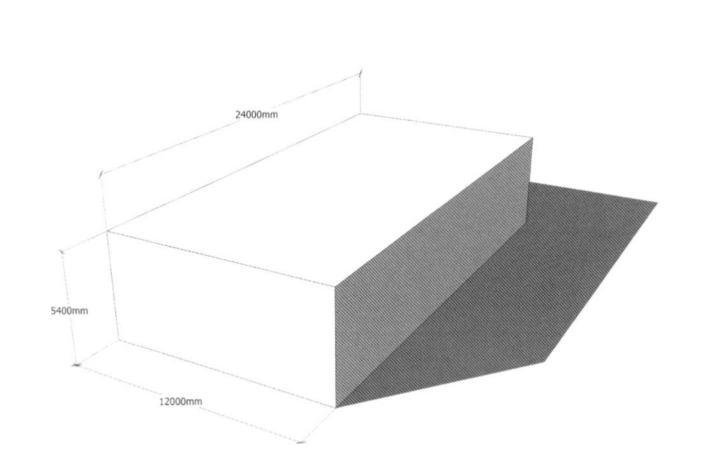

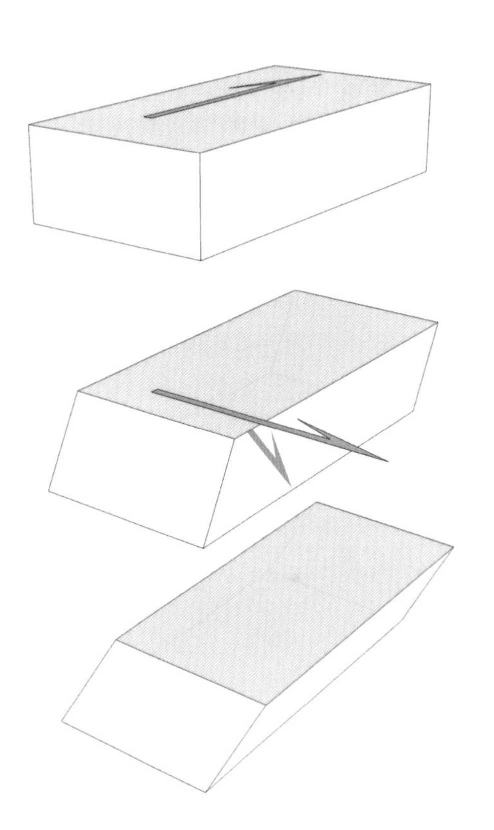

除了一般的牵引，还包括线与面相交，面与面相交，也不外乎初中几何的平行线成面、点线成面以及三角成面，从而产生空间的切削和增补。

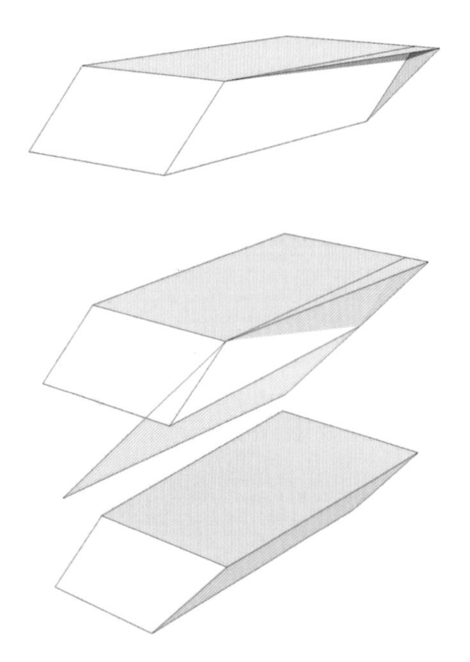

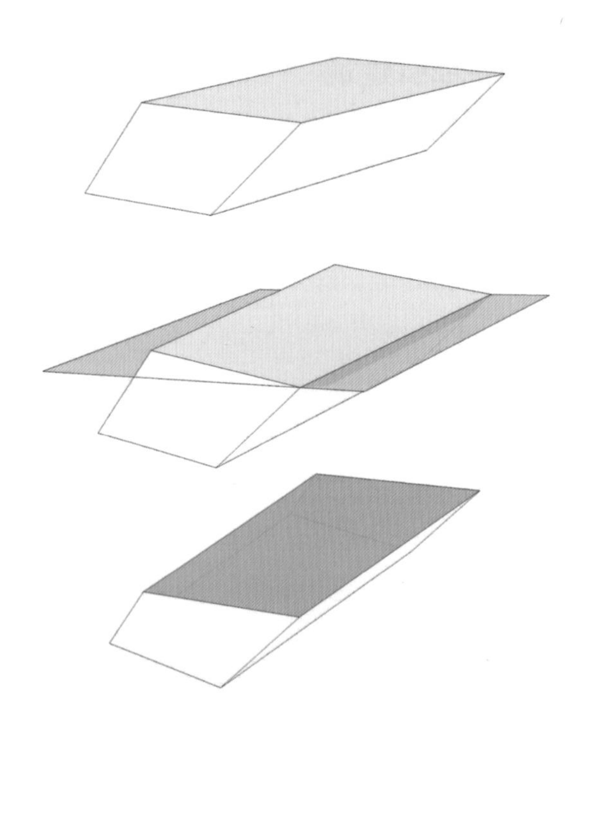

至下图除了底平面再无一个面是正交面，两侧宽口敞开以后便是变形的江南村口路亭。

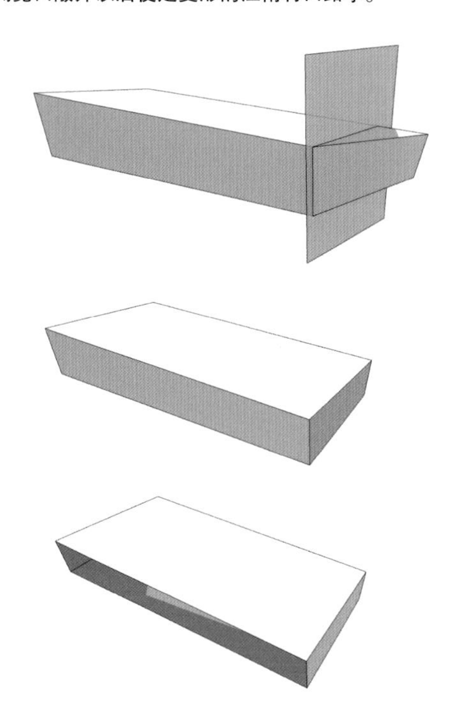

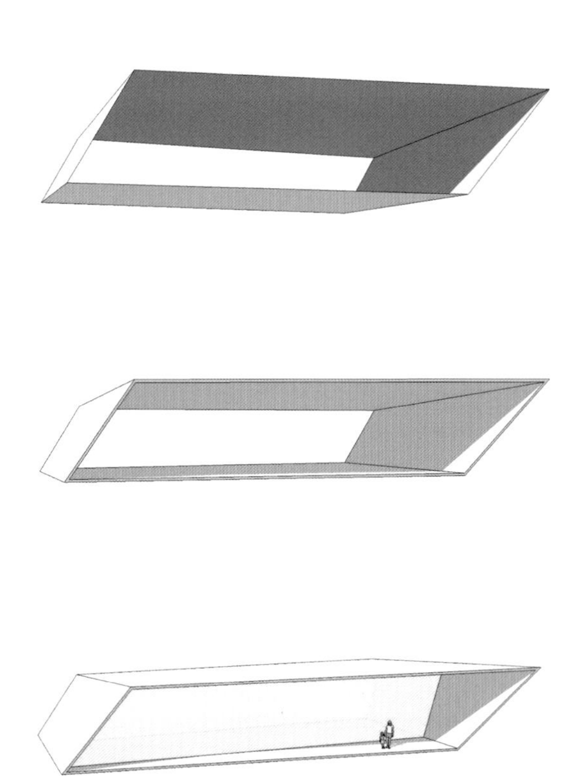

《醉翁亭记》写道“有亭翼然”，是描写一座亭子屋檐四角翘起，像飞鸟一样。现代建筑更擅长建造这类舒展的形态。

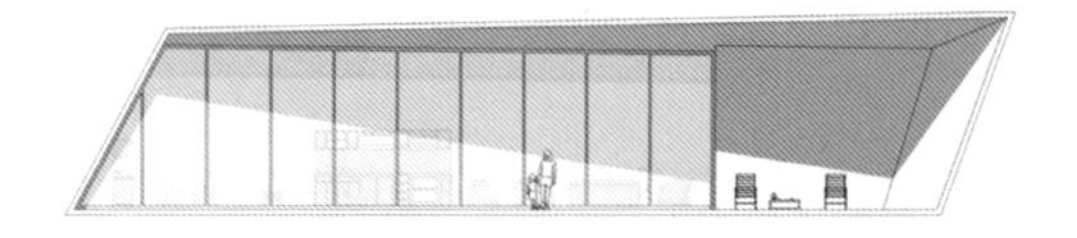

牵引亦可理解成折纸艺术的空间几何。

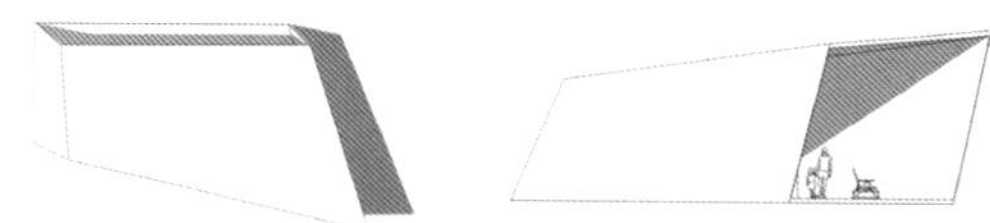

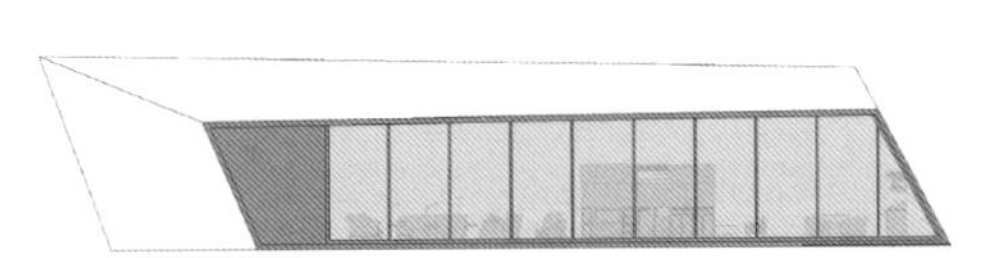

16. 转动建筑

假如有个插销可以固定建筑的一角，各层建筑可以像向日葵一样迎着光线旋转……

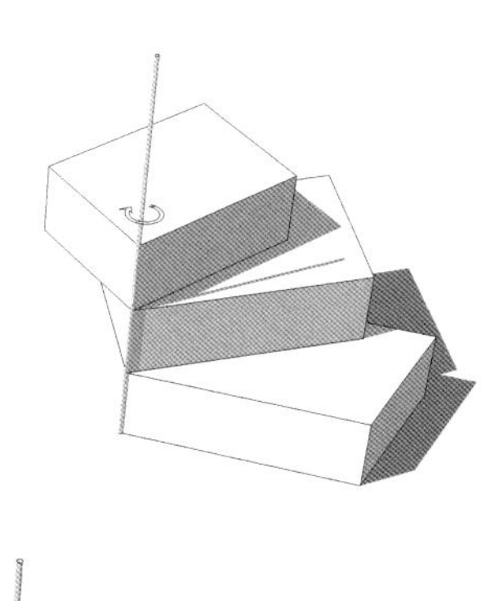

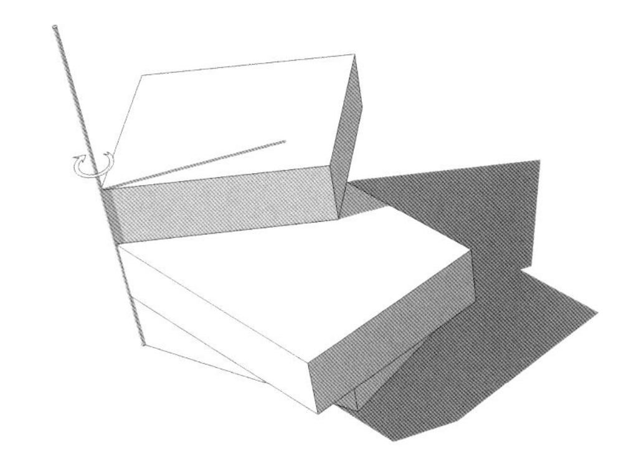

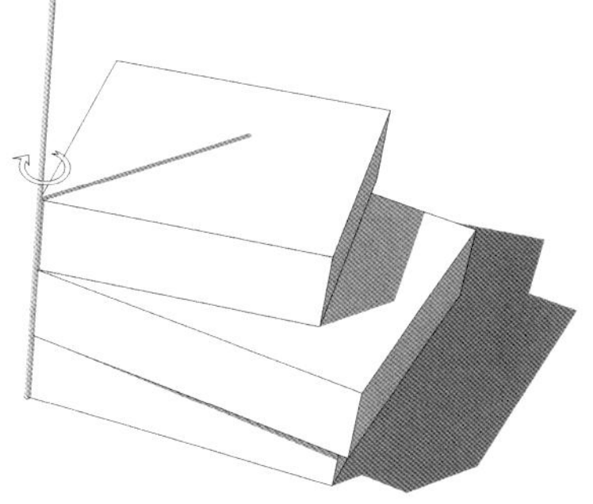

转动以后，每个立面的光影变得更加生动，明与暗的空间交错相伴，足以满足人们不同的生活需要。

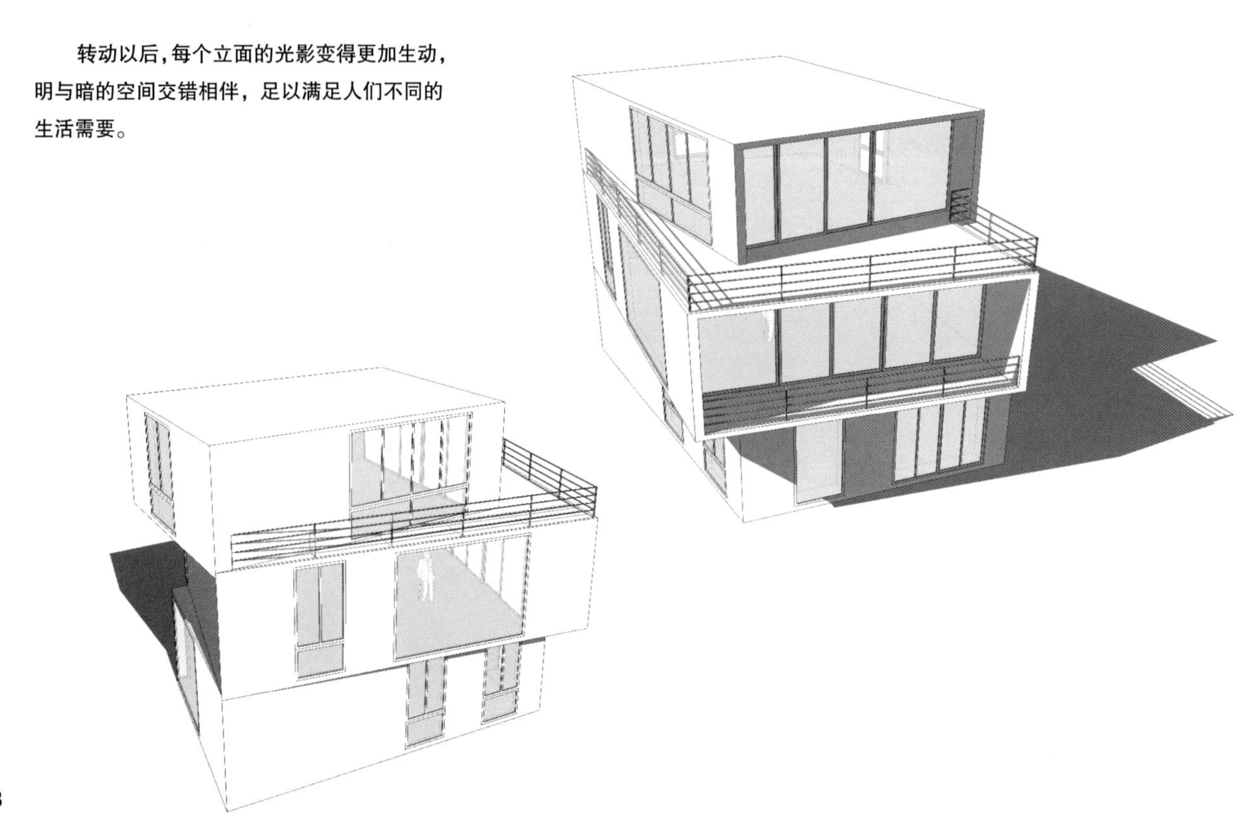

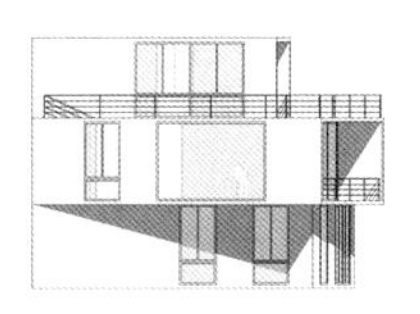

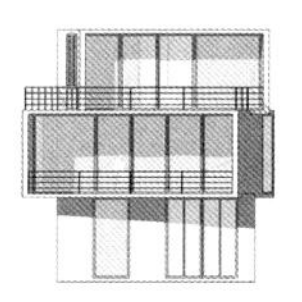

此类建筑可以采用装配式的施工与组装方式。

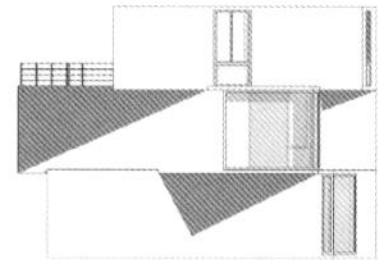

17. 康定斯基建筑

康定斯基是现代抽象艺术的先驱，自幼精通大提琴使他具有联觉（知觉混合）的天赋。他可以在绘画的同时听见色彩的召唤，这对他的艺术产生了重要影响。他甚至把他的绘画命名为“即兴”和“结构”，仿佛它们不是绘画而是音乐作品。因此他的许多构成艺术犹如爵士乐旋律般具备穿插与重复的创作元素，或者说是一种调和的矛盾。两个相交矩形就可以变化万千。

我们可以在构成中找到水面、铺装、绿地、连廊和建筑。为了再次加强线条的旋律，我们让两个建筑的阳台和门窗都与另一形体的几何方向相呼应。

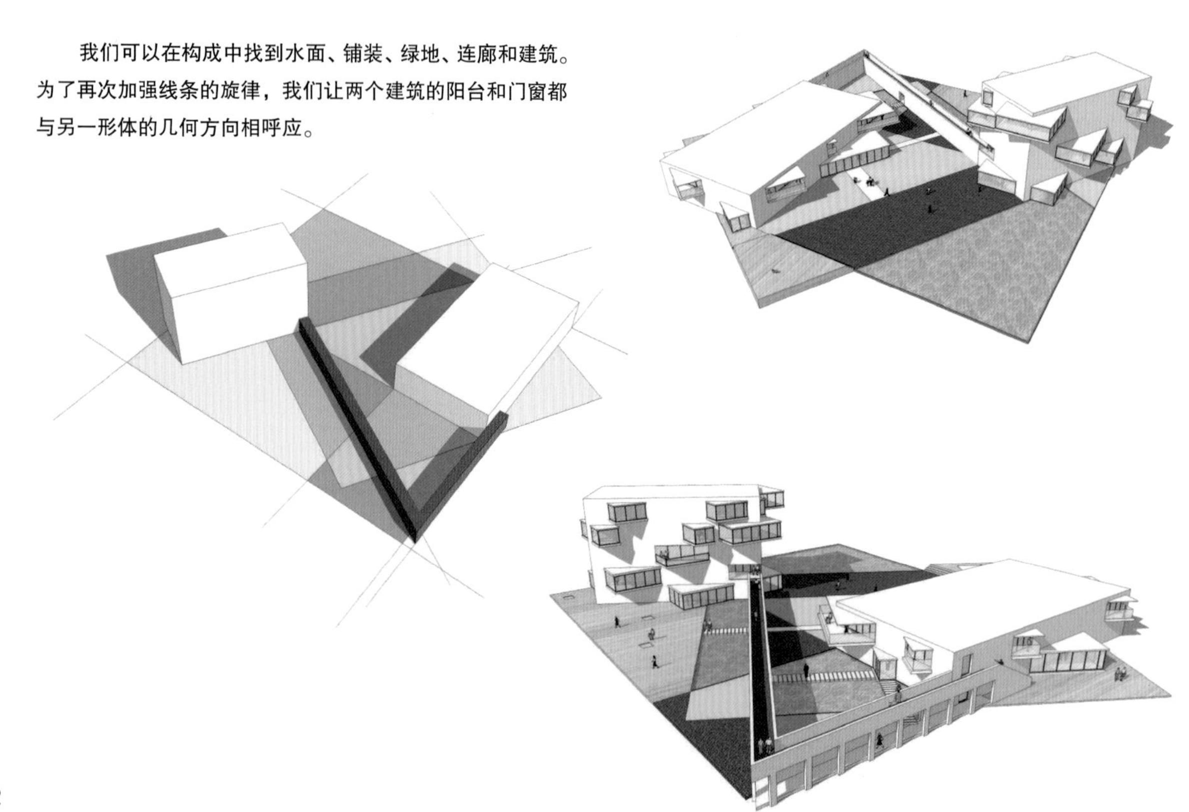

康定斯基曾说：“色彩是琴键，眼睛是音槌，而心灵则是绷着许多根弦的钢琴”。建筑师就是那只敲击琴键，使心灵震撼的手。

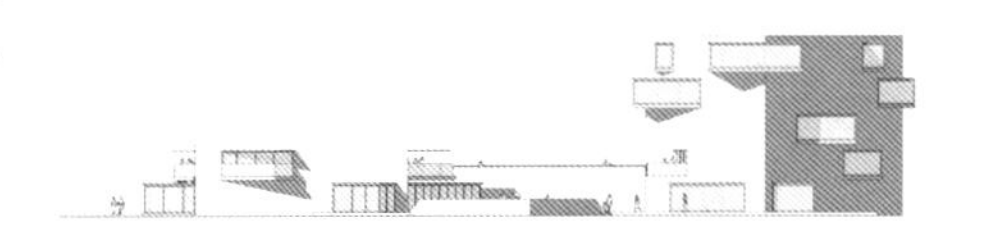

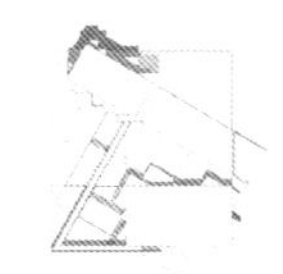

只有住着人，建筑才算是有了灵魂，人们晒着被子、吵着架是建筑设计未完成的那部分。

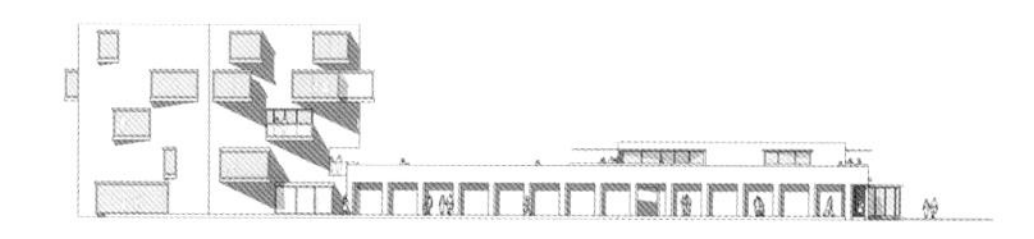

建筑不是要将人与世界相阻隔，建筑也是世界的一部分，优雅极简的几何体又何尝不属于自然。

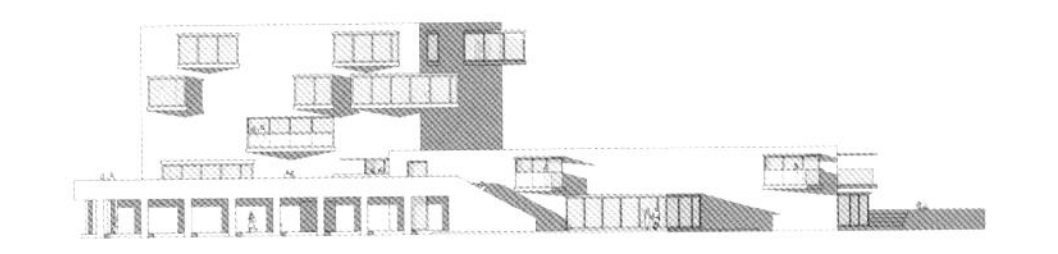

18. 加减建筑

西方人擅长雕刻，东方人则更喜欢泥塑，在加减之后，建筑会像糖人般栩栩如生。

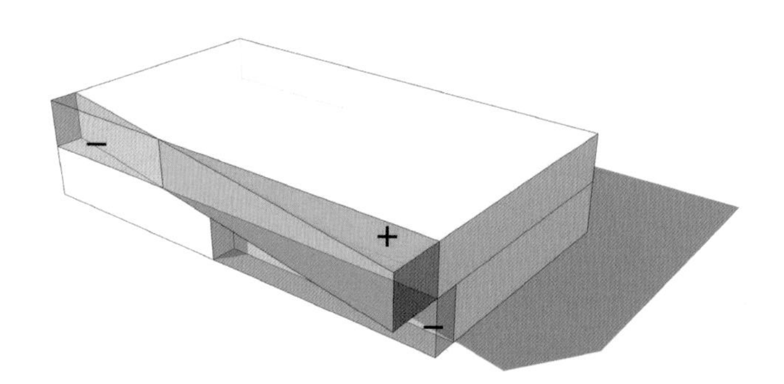

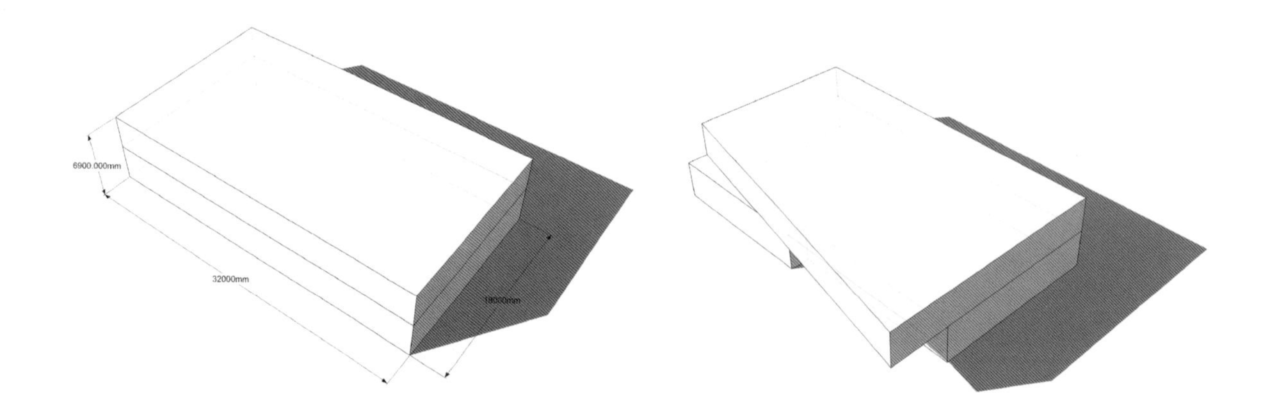

继续进行空间加减，令其产生露台、走廊和观景平台，尤其是对正交墙体进行微弱的锐角改变，可以使建筑变得意趣横生。

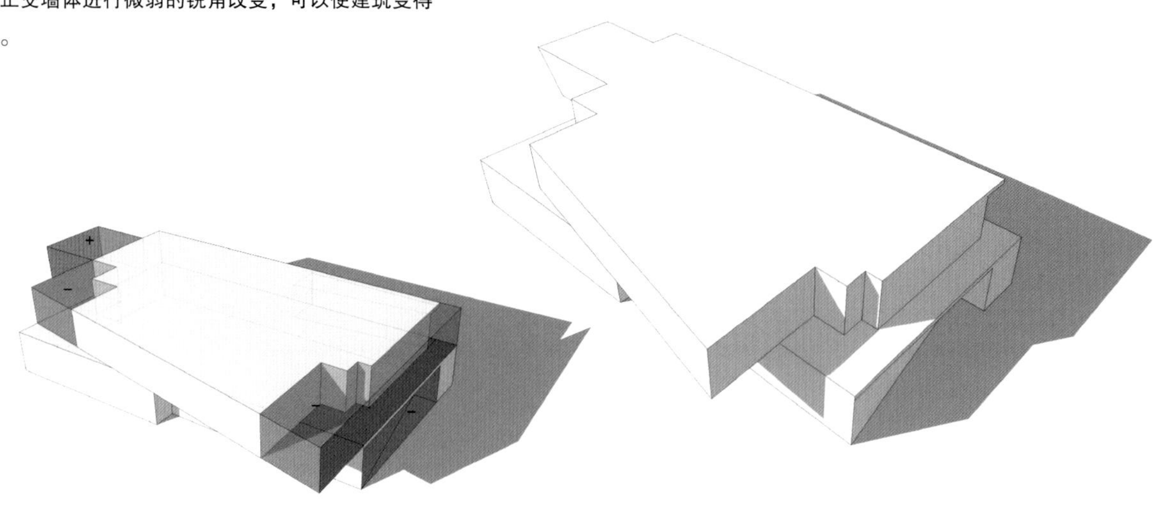

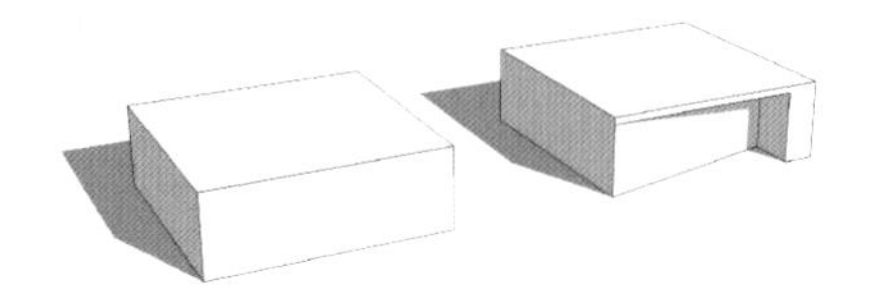

现代施工技术的进步，让墙体有了毛线编织般的纹理变化。比如格栅表皮内部刷上颜色，在人行进的过程中，墙体和人一起流动起来；而对于建筑内部，光线是被格栅编织的。

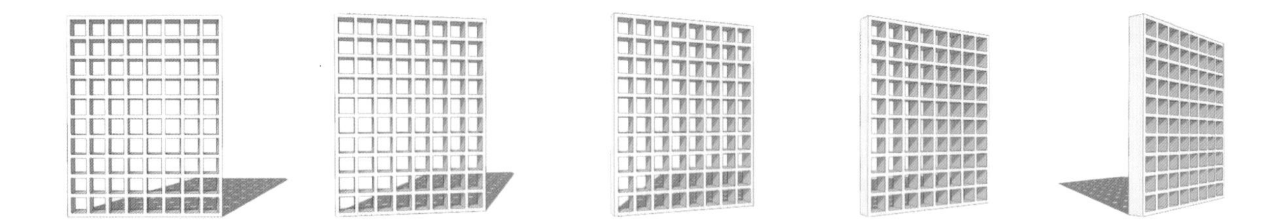

悬挑、后退、牵引、转动、户外楼梯、屋顶花园及采光天窗都是建筑空间的营造手法和要素。

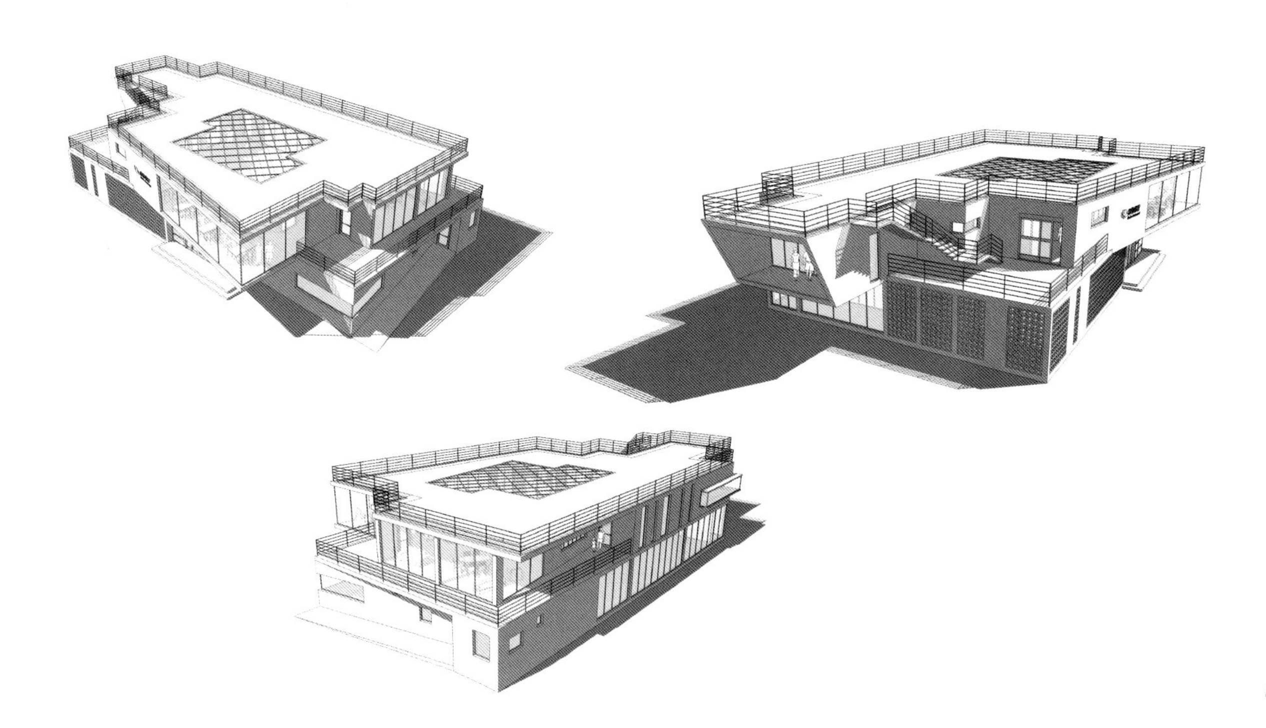

建筑的美是艺术与技术的融合，它也彰显人类最美好、最朴素的情感，它是无言的诗篇。

人（居住者）是建筑的灵魂，当建筑露台上晒满了五颜六色的衣物，孩子的小脏手印在了雪白的墙上。经过人们翻天覆地的改造和使用，建筑才能成为“家”；就像公园中的草坪，如果不允许人们进入，即使绿草如茵也无甚价值。

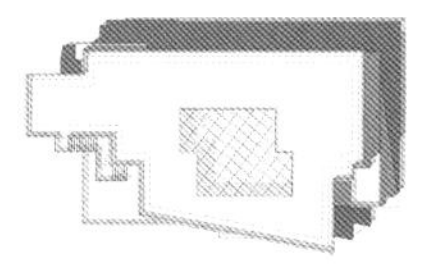

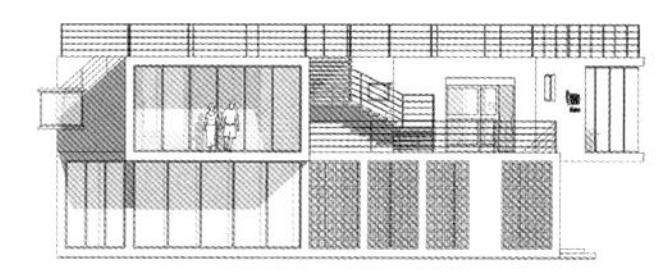

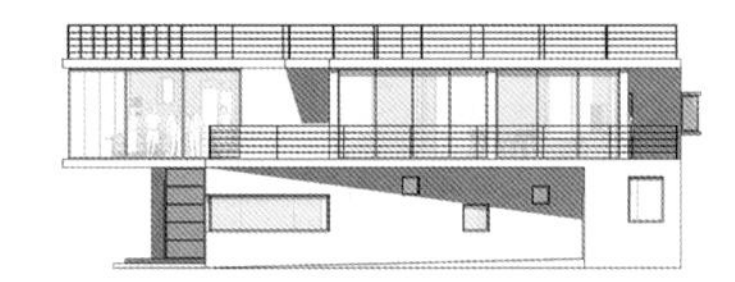

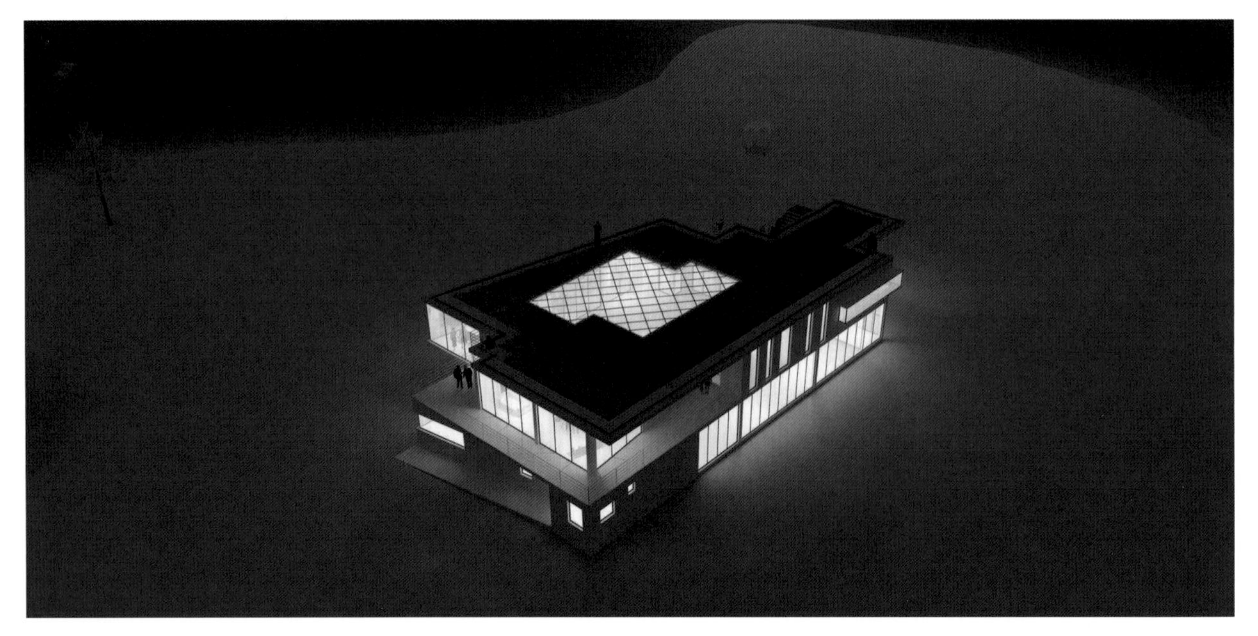

19. 小红帽建筑

将一个平行四边形的其中一角拉离至原有平面之外，则该四边形不再是一个平面，它可以根据对角线分解成两个不同面的三角形。若用绳子继续将每边纵横平均分成十等分，将得到 200 个由三角形构成的近似曲面。

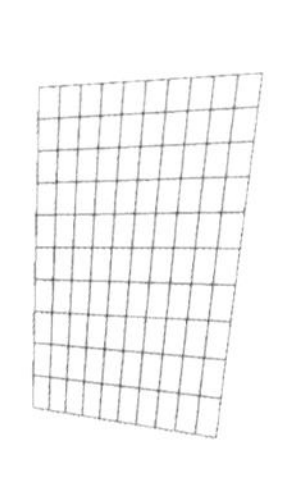

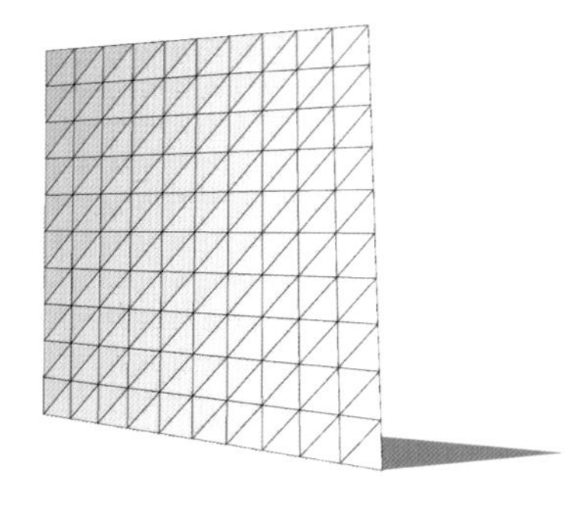

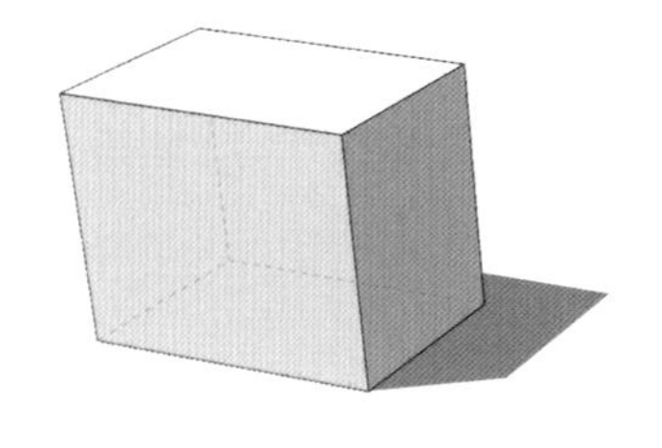

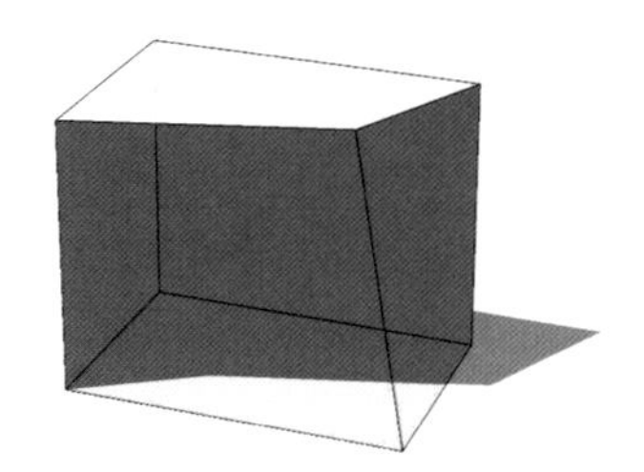

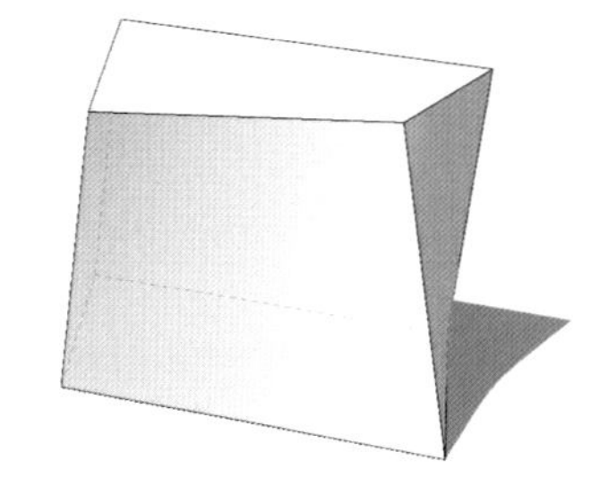

扭动的曲面建筑无疑会增加建造成本，使用效率也会降低，仅仅为了满足猎奇的审美趣味，并无多大必要。但如果是为了孩子，做什么都可以！

扭曲的若干单体建筑无论怎么组合，看起来都像是童话世界。

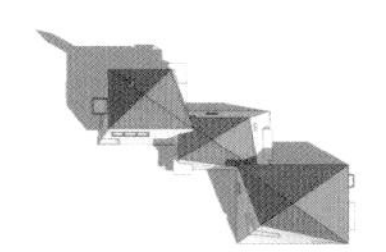

20. 弓背建筑

就像拉紧的弓弦会被牵引成弧形，蓄势待发；微弱弧度的建筑立面在转折处产生了犹如素描般的明暗变化，柔和的渐变。

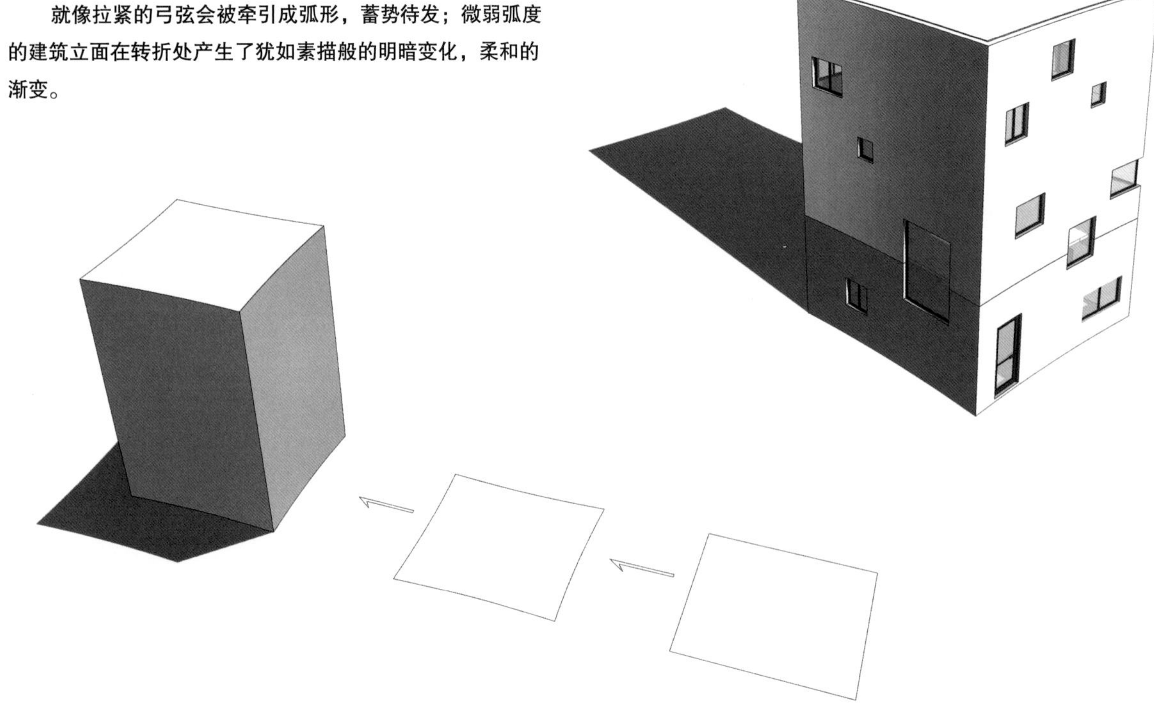

内敛而至细微，细微才能动人。

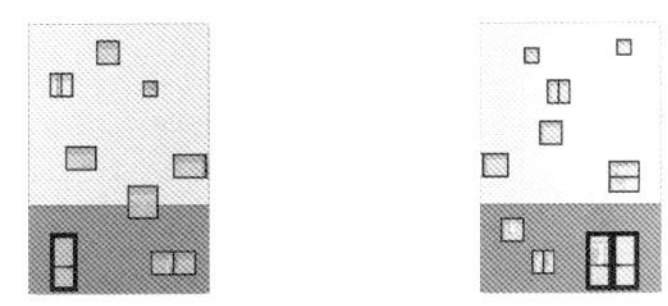

曲面建筑应该谨慎使用，毕竟它不是建筑的常态，“五色令人目盲，五音令人耳聋……难得之货，令人行妨”。我们不应该把猎奇等同于美。

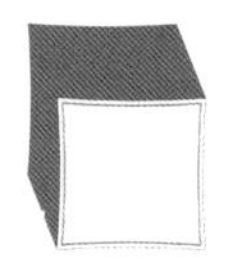

21. 飞鸟桥梁

艺术和技术相结合能创造丰富多变的景观构筑物，从平到折，再到空中拉高，结构技术赋予了桥梁飞鸟般翩翩欲飞的雕塑感。

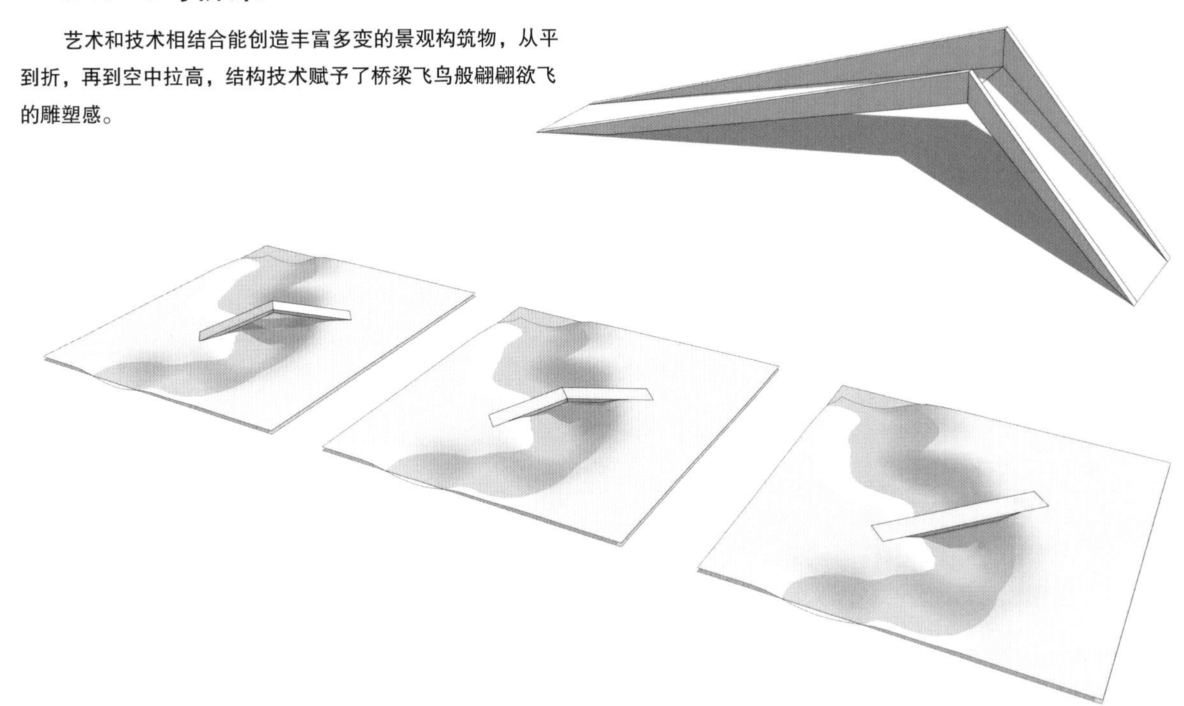

桥栏的高低变化再次加强了桥梁的几何感，一不小心就会消失在空中。

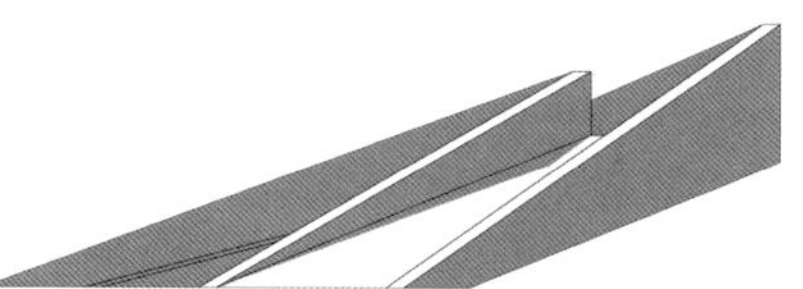

明月装饰了你的窗子，你点缀了别人的梦。——卞之琳

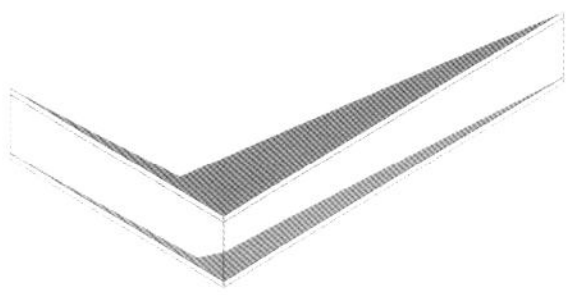

4 坡的建筑

小时候故乡雨多，丝线一般悠长，时间都长满了青苔。黄狗穿过屋檐下的雨帘回来，毫无顾忌地甩动毛发，抖落雨水。父亲骂着狗，伸手接雨水，望了会儿天，叹口气还是穿上蓑衣出去干农活，“雨檐兀坐忘春去”大概只是诗人的事，而父亲和老家则是诗句本身。故乡的房子美就美在屋檐的雨水、阳光和走廊，以及东西两侧连绵的山墙。

22. 非对称坡屋顶

野外求生的必备技能就是利用树枝、树叶搭建单坡或双坡的庇护所，最显而易见的好处是阻隔风雨和野兽，所以坡屋顶应该是人类自远古以来就探索出的最优建筑形式。坡屋顶并非一律是等腰三角形；南方民居就有很多屋脊不在中轴线上，两侧檐口有高差的情况。

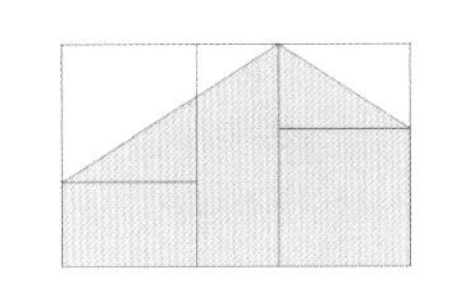

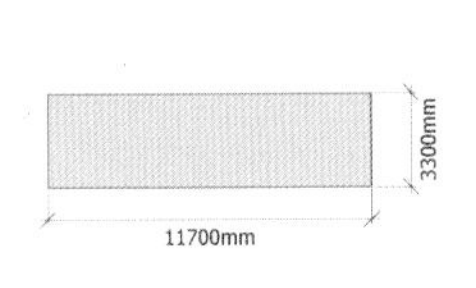

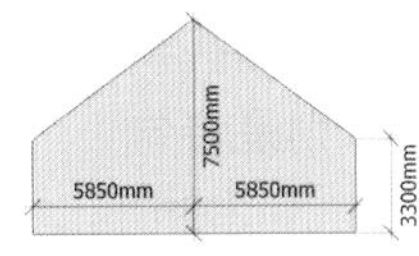

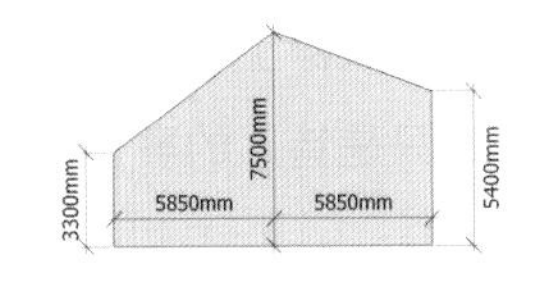

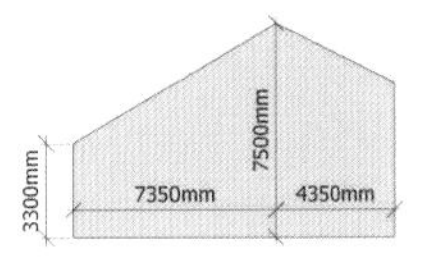

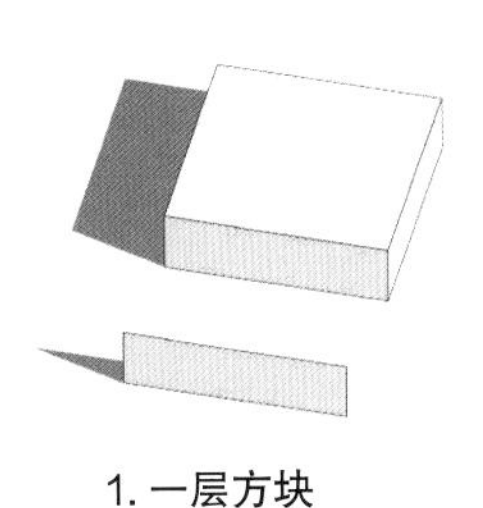

1. 一层方块

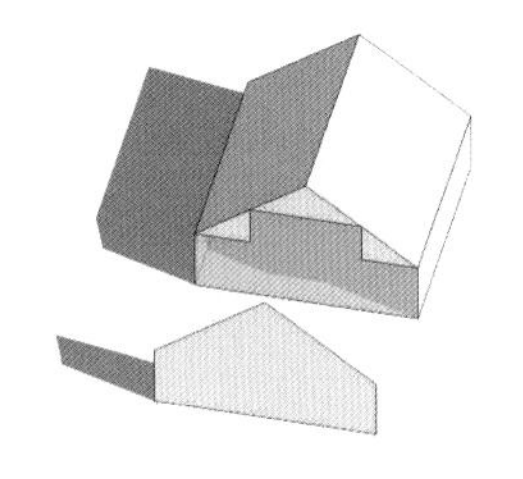

2. 对称坡屋顶

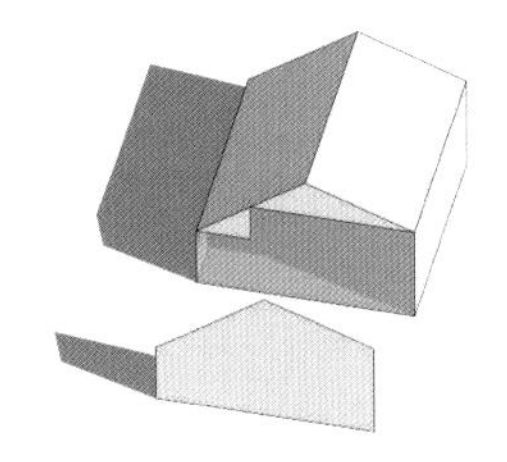

3. 高低坡屋顶

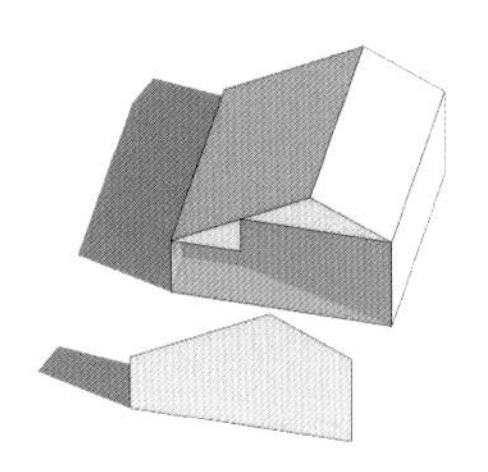

4. 高低黄金分割坡屋顶

传统建筑并不是一蹴而就的规划和建造，而是一个持续的过程，家族的繁衍和牲畜的养殖会使房屋不断地“生长”，添屋建舍是中国农耕文明中的普遍现象。加之建筑材料不断更新，使民居成为未完成的建筑；惟其如此，建筑生生不息，历久弥新。

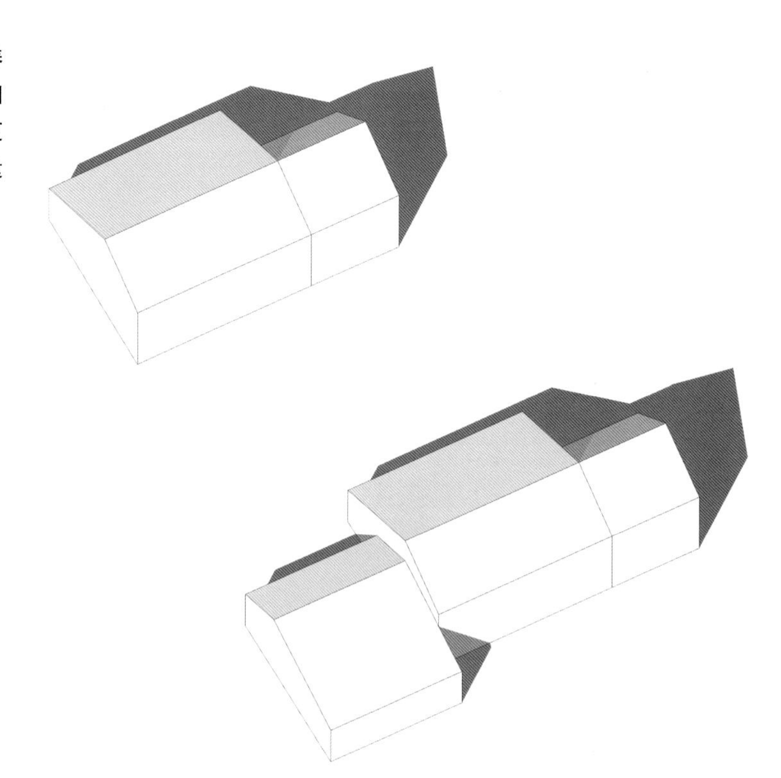

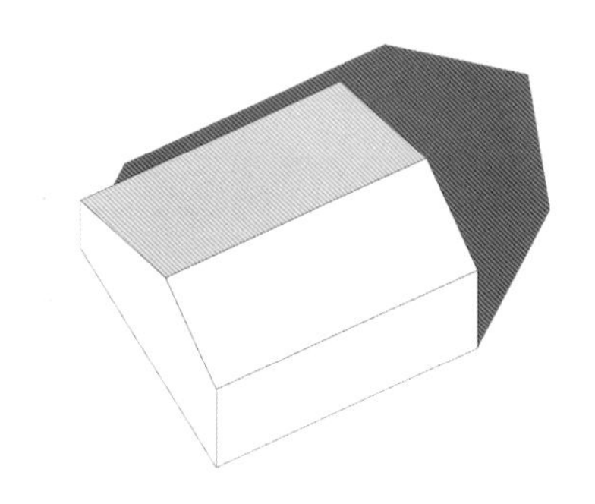

在现代建筑设计中，山墙也能得到充分的利用。

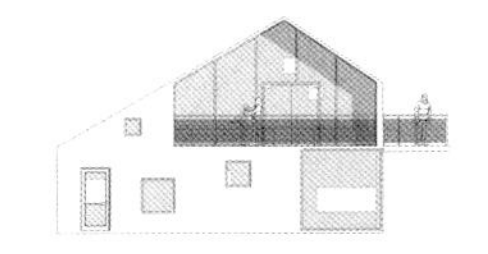

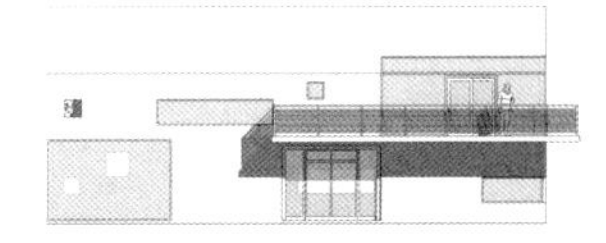

适当错开的坡屋顶可以使建筑获得更好的采光和景观。

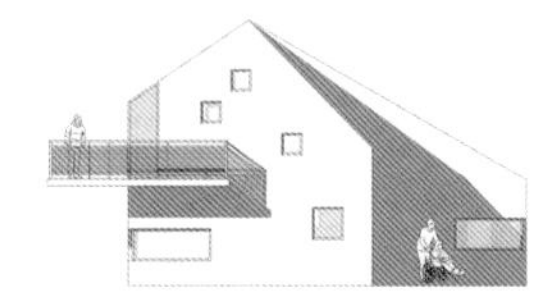

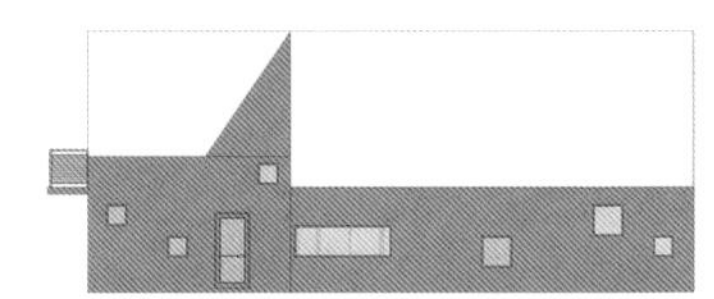

土地与建筑是个非常矛盾的问题，分散布局的小建筑相对体量庞大的水泥丛林必然更加友好、健康、安全。而在互联网时代，人们终将回归村庄，回归大自然。

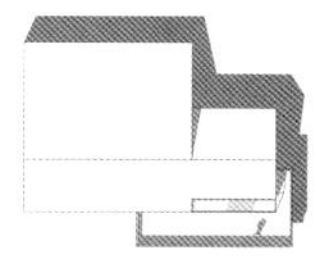

23. 夏日雨前波

南宋绘画大师马远，画了十二幅的《水图卷》，包括寒塘清浅、洞庭风细、秋水回波等，连葛饰北斋的《神奈川冲浪里》都有他的痕迹。可惜第一幅是个残卷（缺一半），画名也没了。不同的水塘湖泊，不同的季节与风，水波的差别很大。这第一幅疾风下压，右缓左陡，顶上成尖，回波未至，想必是夏日骤雨前的风儿啊。

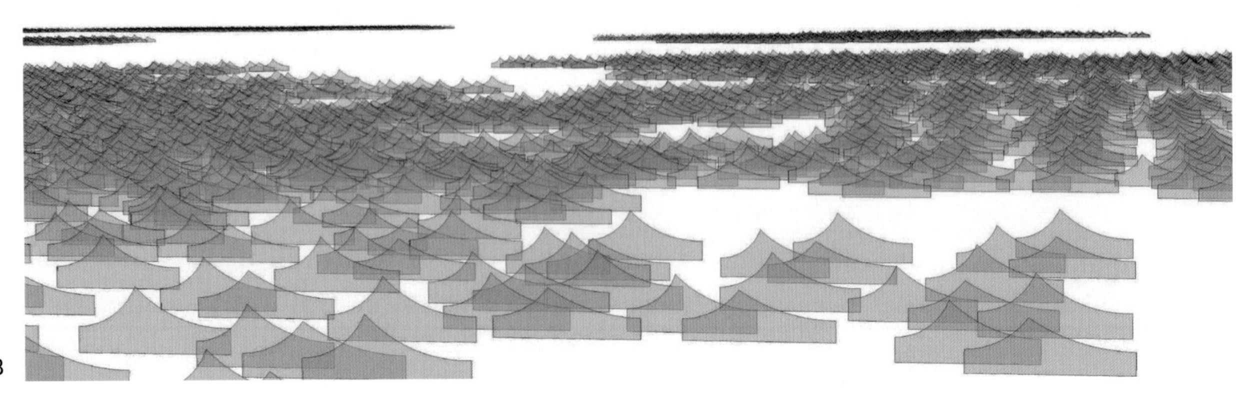

一组水波的推拉即可得到一座建筑，除了大落地玻璃墙体外，通过突出砖块的参数化设计，让光影来画画。光影编织这堵墙，行进中的路人能观察到墙上一朵浮动的云。

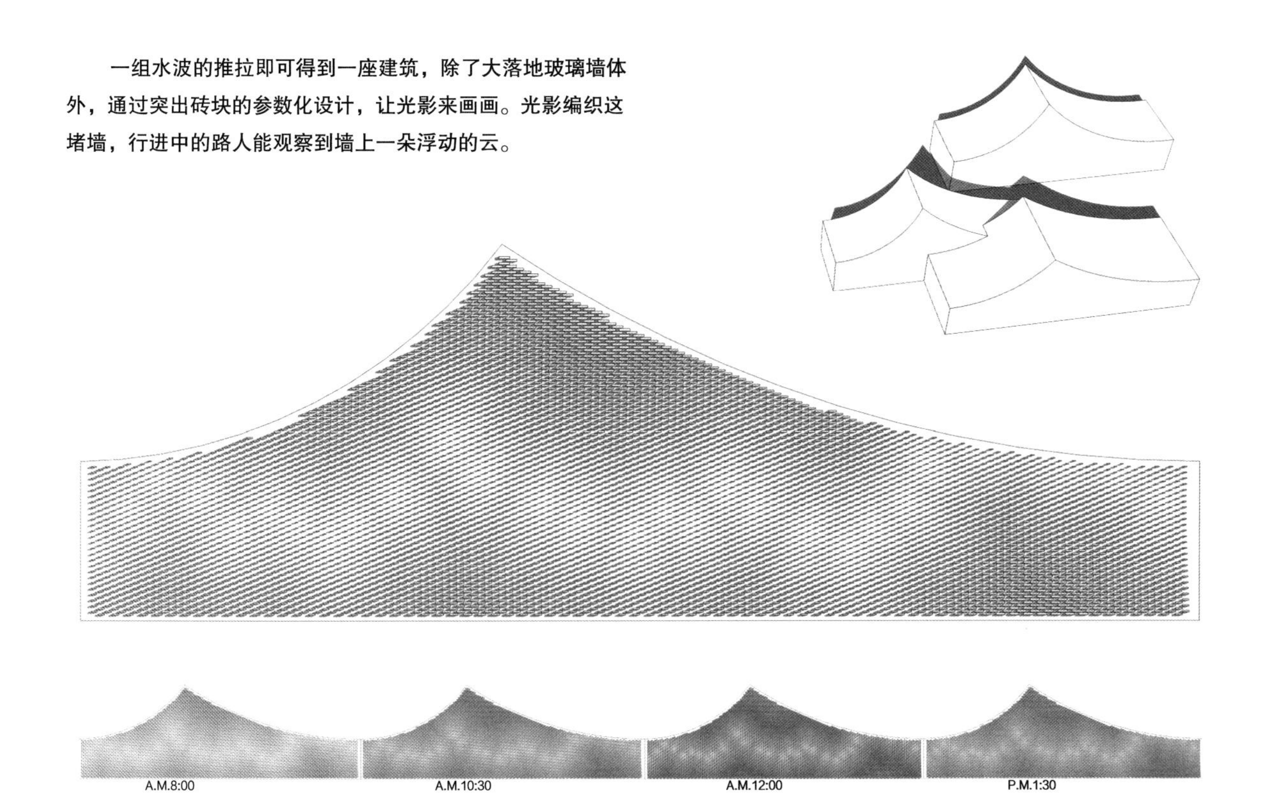

墙体突出的砖块在灰尘、水渍、积雪加之时间的共同作用下，渐渐勾勒出山水画中远山浮影的效果，它的美已远非设计师所能预料。

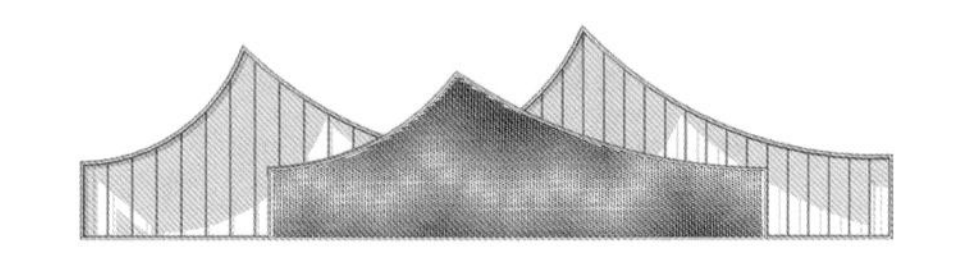

江南的村落，欧洲的小镇，它们的建筑之美不仅仅体现于建筑单体，更重要的是大同小异的建筑形态的序列化形成的起伏与韵律。

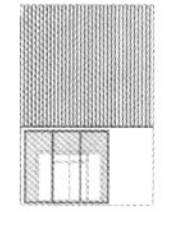

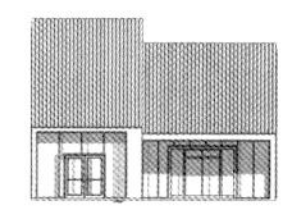

墙体改成“蕾丝”网纹则能再次强调山墙之形。灯影之下，建筑何尝不能“性感”。当进深远大于开间，狭长的建筑更像是三座片岩假山。

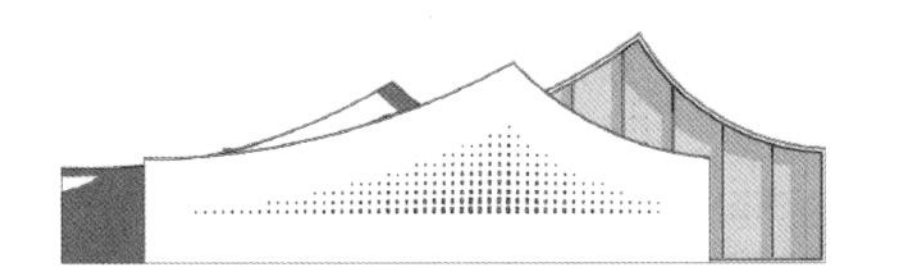

做设计的不必刻意强调现代或古典，光悠长而迅捷，概念就如流行，迟早会死掉，唯有美是永恒的。

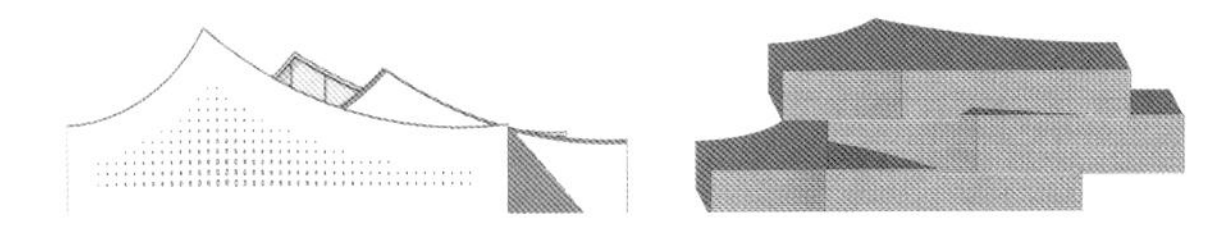

当有更多“水波”进退、嵌入的时候，可以形成组合式高低错落的院落空间。宽窄不一的坡屋顶，是水波，也是连绵的群山。

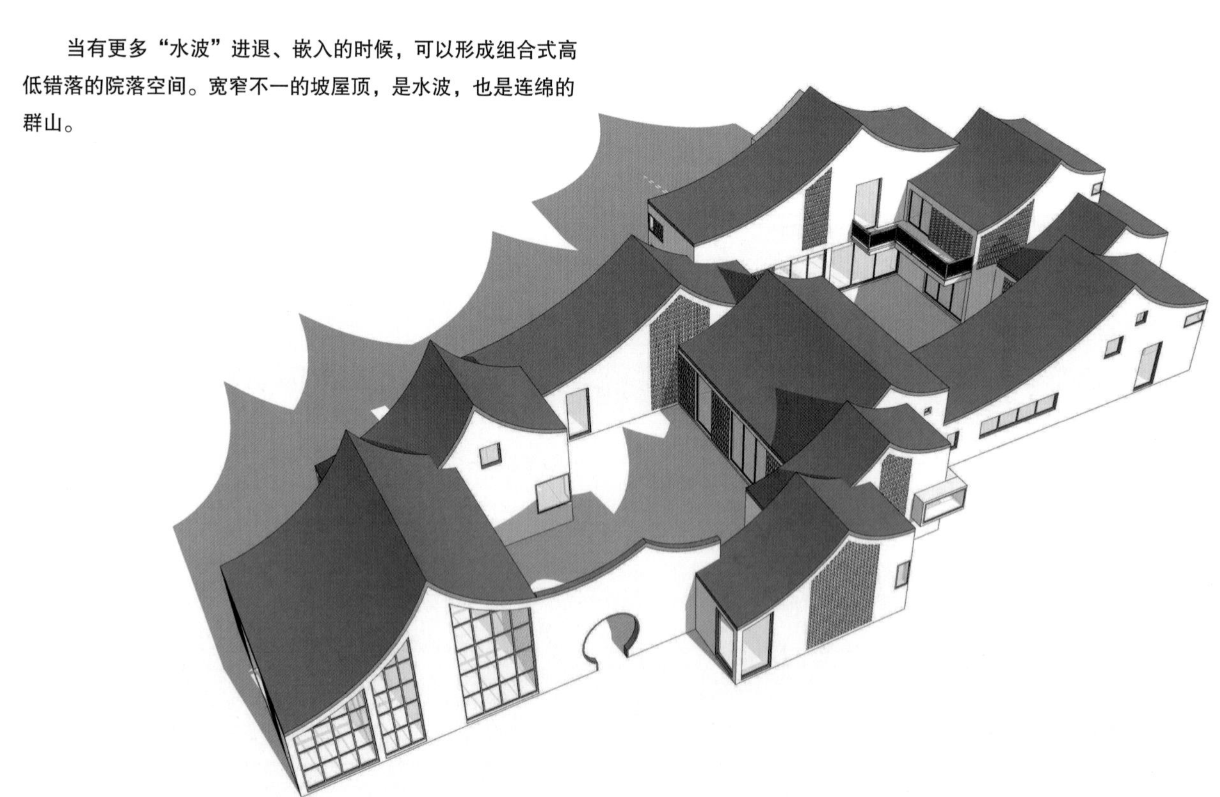

古典和现代相去不远。

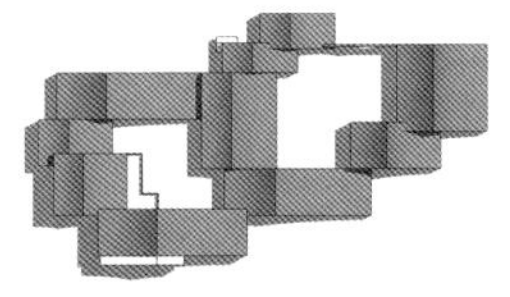

浙江虽然地处江南，但典型意义上的园林其实是不多见的，这里更多的是各式各样的民居，村落即园林。本就镶嵌于日月山川里，何需打造园林？

24. 有巢氏建筑

《韩非子·五蠹》载："上古之世，人民少而禽兽众，人民不胜禽兽虫蛇。有圣人作，构木为巢以避群害，而民悦之，使王天下，号曰有巢氏"。有巢氏估计就是发现三角形是最稳定的结构而能王天下。抬梁式、穿斗式和井干式三大传统结构体系莫不如是。我们至今仍在沿用这些结构体系，只是采用钢架、钢筋混凝土替代了木构架。

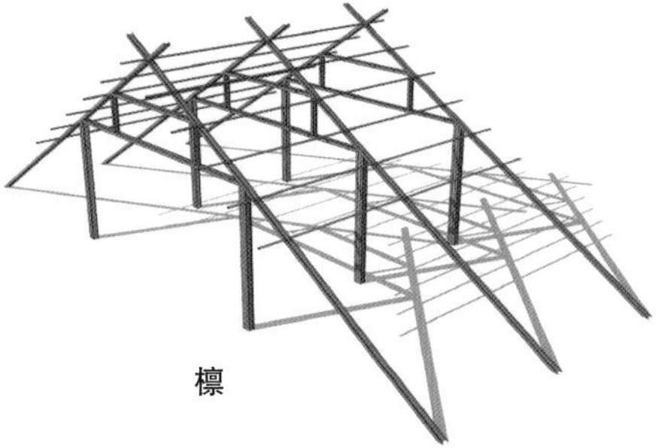

檩

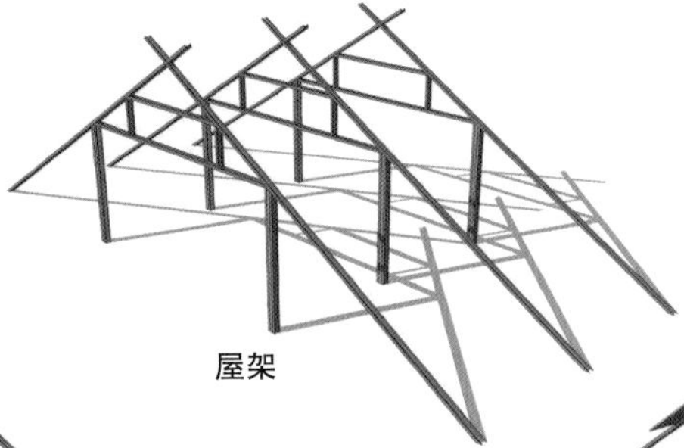

屋架

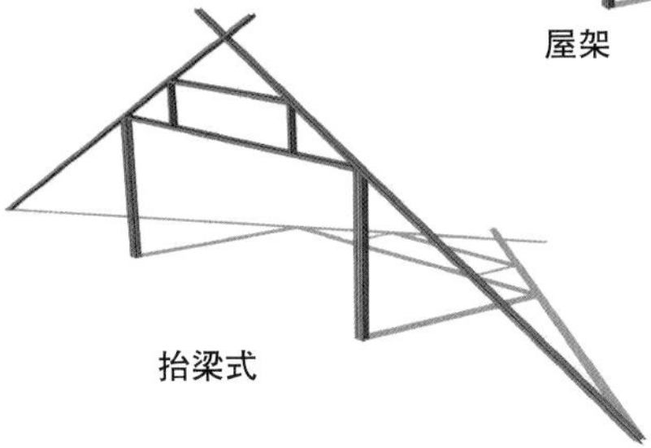

抬梁式

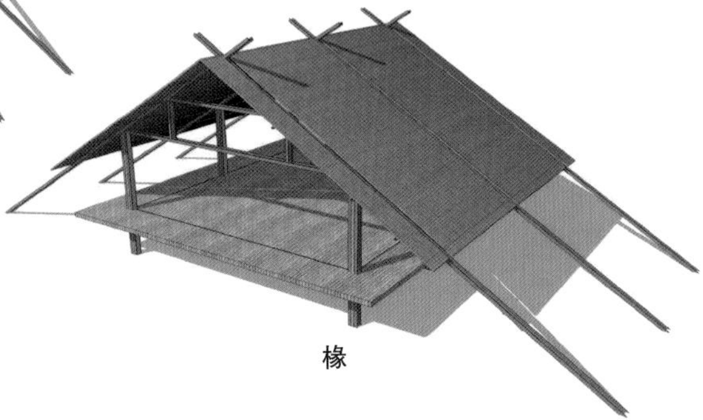

椽

玻璃替代树叶茅草，建筑可以是由门窗围合的茶餐厅，当折叠门打开，又可以是一个四面临风的大亭子。

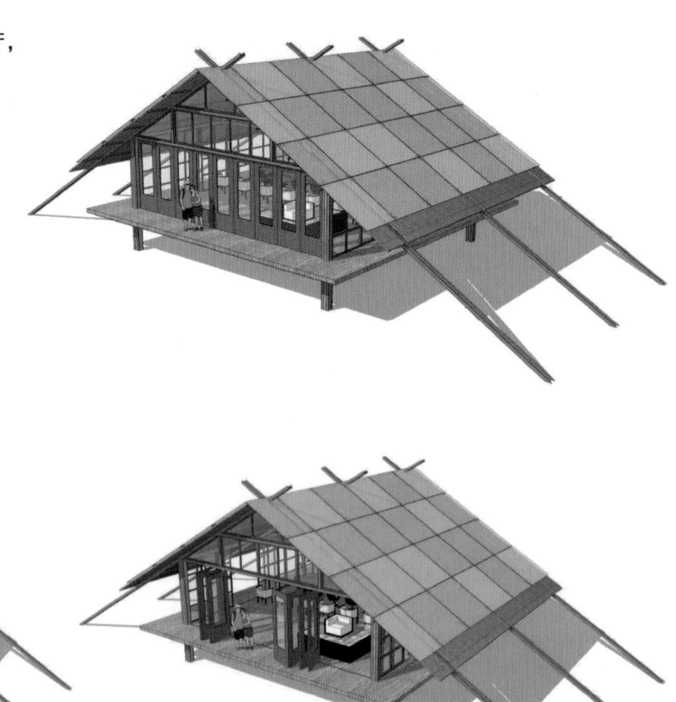

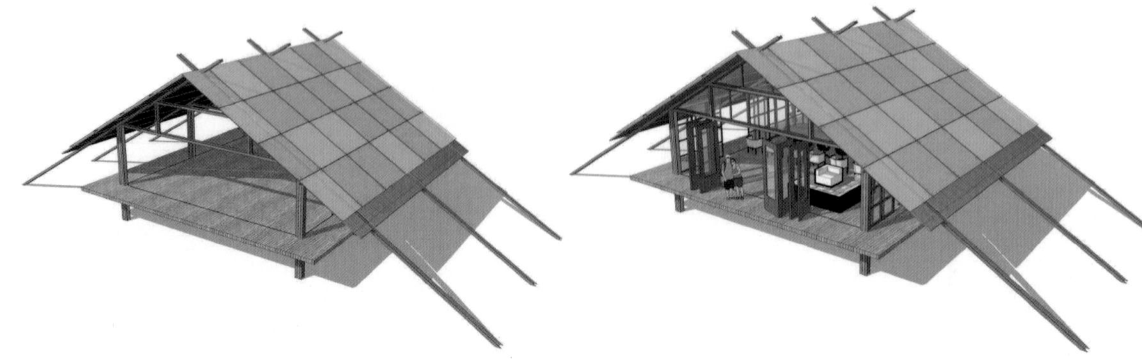

我的书房外曾经是山脚下的一片旱园竹林，现在却兀立着几幢十几层的烂尾楼，有一次一只流浪猫迷失在里面下不来，惨叫了半个月，我用捕猫笼把它解救了出来。地产商破坏的不仅仅是生态，更是消耗了大自然的宝贵馈赠。

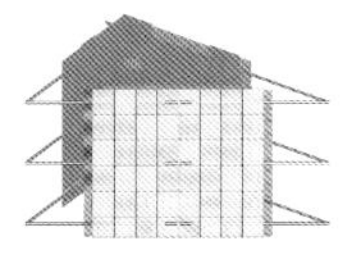

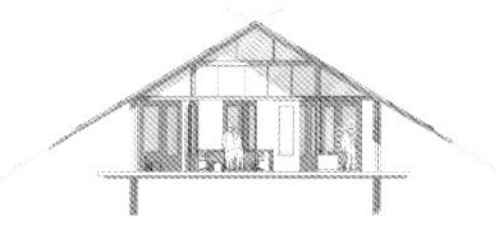

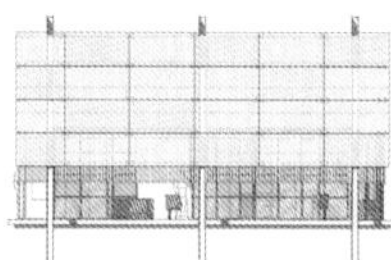

25. 穿斗檐廊

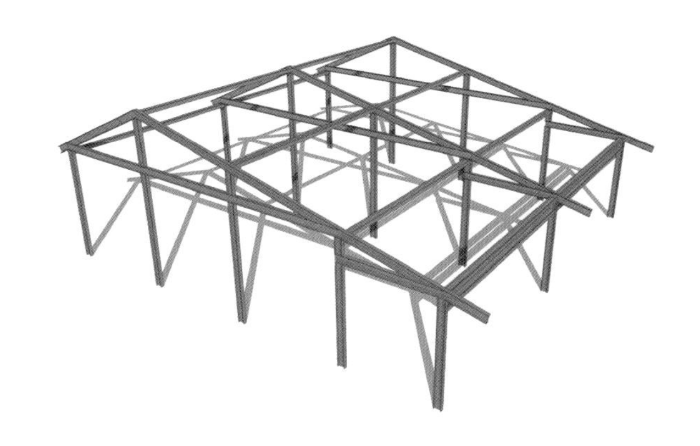

一说起传统建筑我们就会想起斗栱，实际上，斗栱只应用于宫廷、庙宇、城楼等建筑中。从北宋张择端的《清明上河图》即可看出，绝大多数普通民居、店铺都以穿斗悬山顶为主，檩头出际，山墙有博风板和披檐，木构架外露，筑夹泥墙。南面临街两侧为檐廊，使建筑显得极为通透、明亮与舒展。至今西南山区及浙江楠溪江地区保留下来的传统民居尚能看到这种北宋建筑的痕迹。

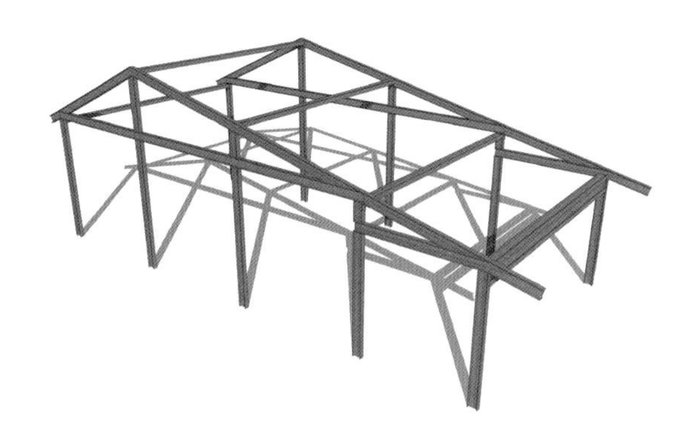

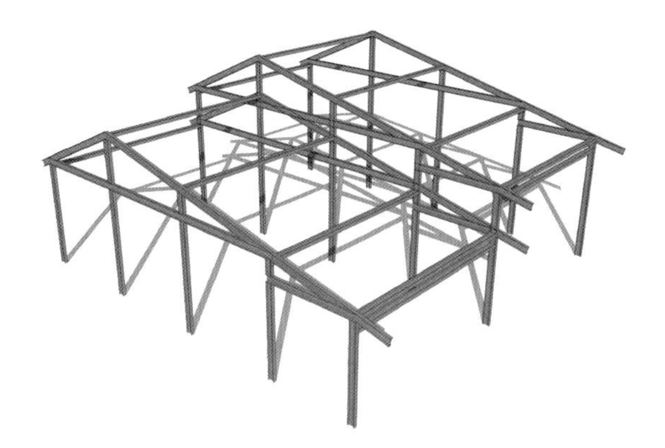

悬山和披檐是为了防止雨水透过窗户或墙体与屋顶的衔接处，侵蚀木料和墙体，檐廊则满足了夏日的遮阴需求。更重要的是这个沟通室内、外的灰色空间具备了人员集散与交流的功能。

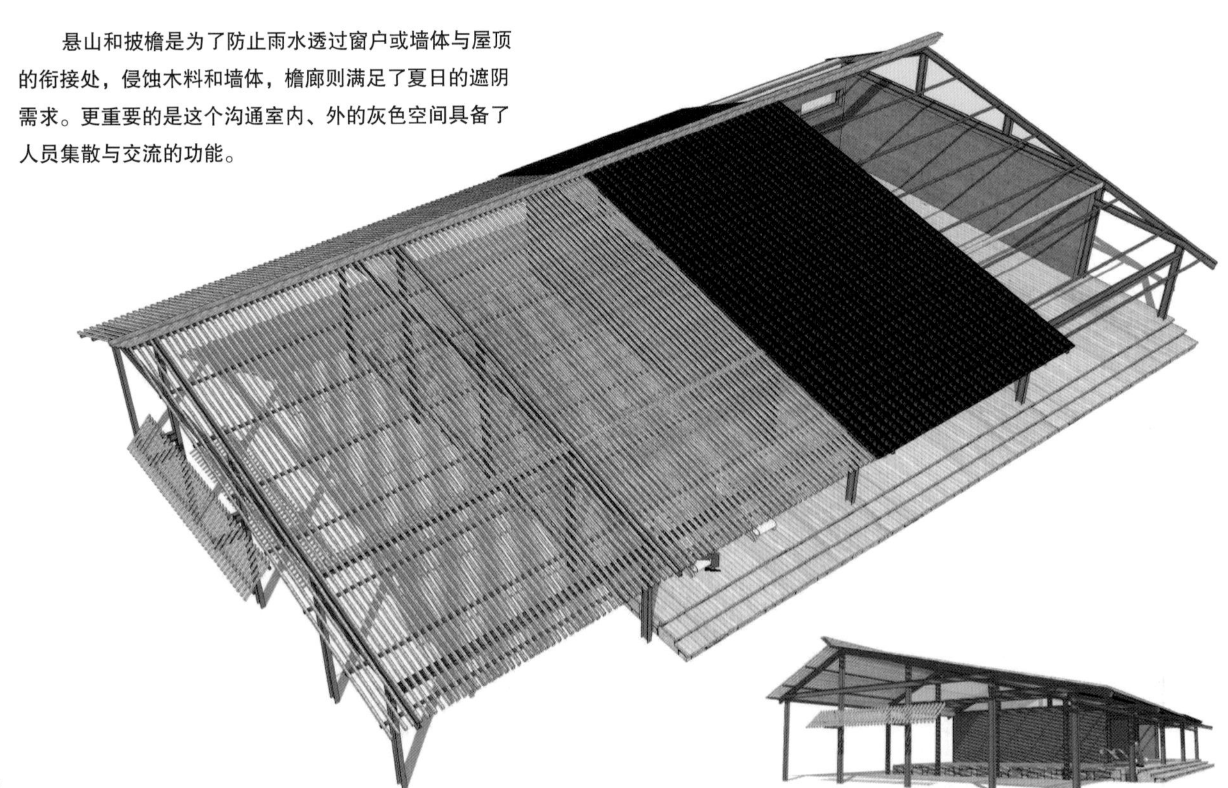

许多年前的故乡就是这个样子，只是建筑没有那么大尺度，也没有好看的玻璃。院子里种着芥菜与琵琶，燕子住在廊檐下，麻雀住在瓦片里，蝙蝠倒挂在椽子下，野蜂藏在泥墙洞中；所谓的共生大概就是如此罢。

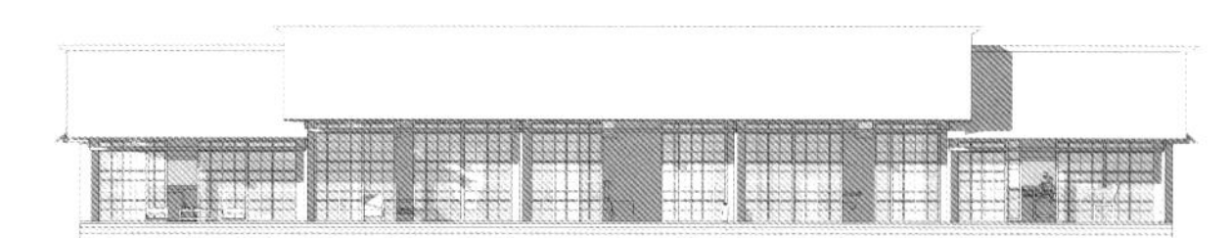

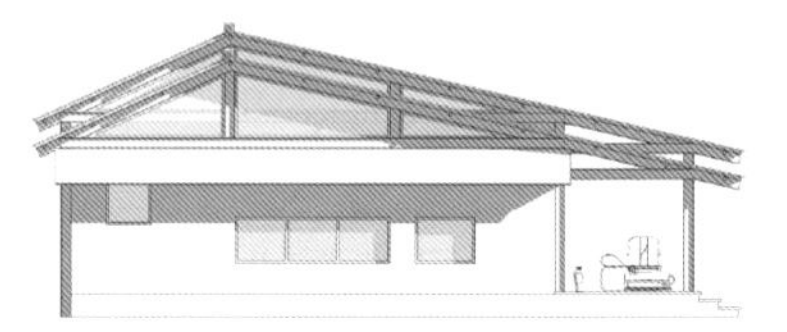

即使从传统造园的角度而言，苏州园林的主体也还是建筑。而当下我国高校的园林教育仍略显狭隘，“园林”专业需要跳出单纯服务于甲方的立场，而应服务于大众，致力于青山绿水的永续保护。

26. 金字塔木屋

金字塔经过几千年依旧屹立不倒，除了由石材砌筑以外，主要原因还是四棱锥体受力的合理性。

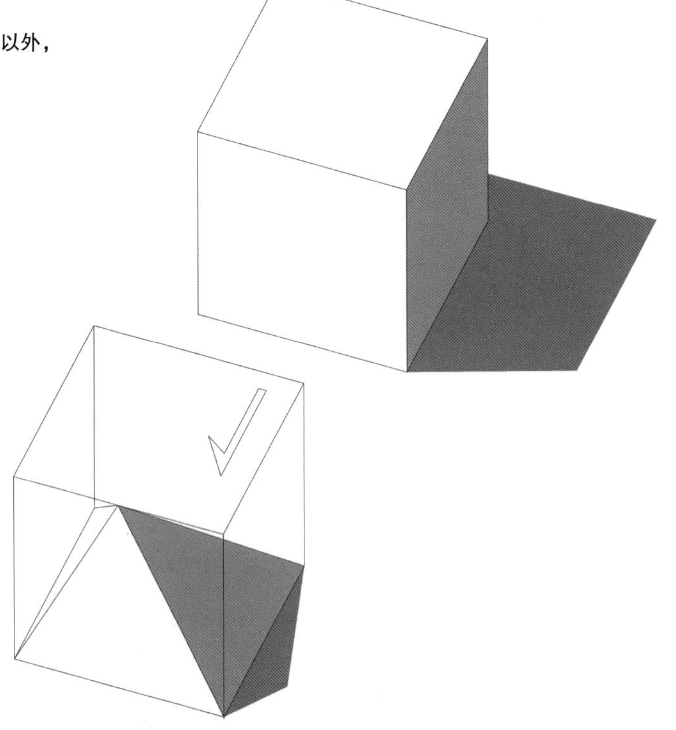

生态讲了几十年，我们还是没学会如何与自然共处，与树木共呼吸。生态就是回归生活的根本，是梭罗在《瓦尔登湖》中描述的状态——“我愿意深深地扎根生活，吮尽生活的骨髓，把一切不属于生活的内容剔除得干净利落，以最基本的形式，让生活回归简单，简单，再简单”。

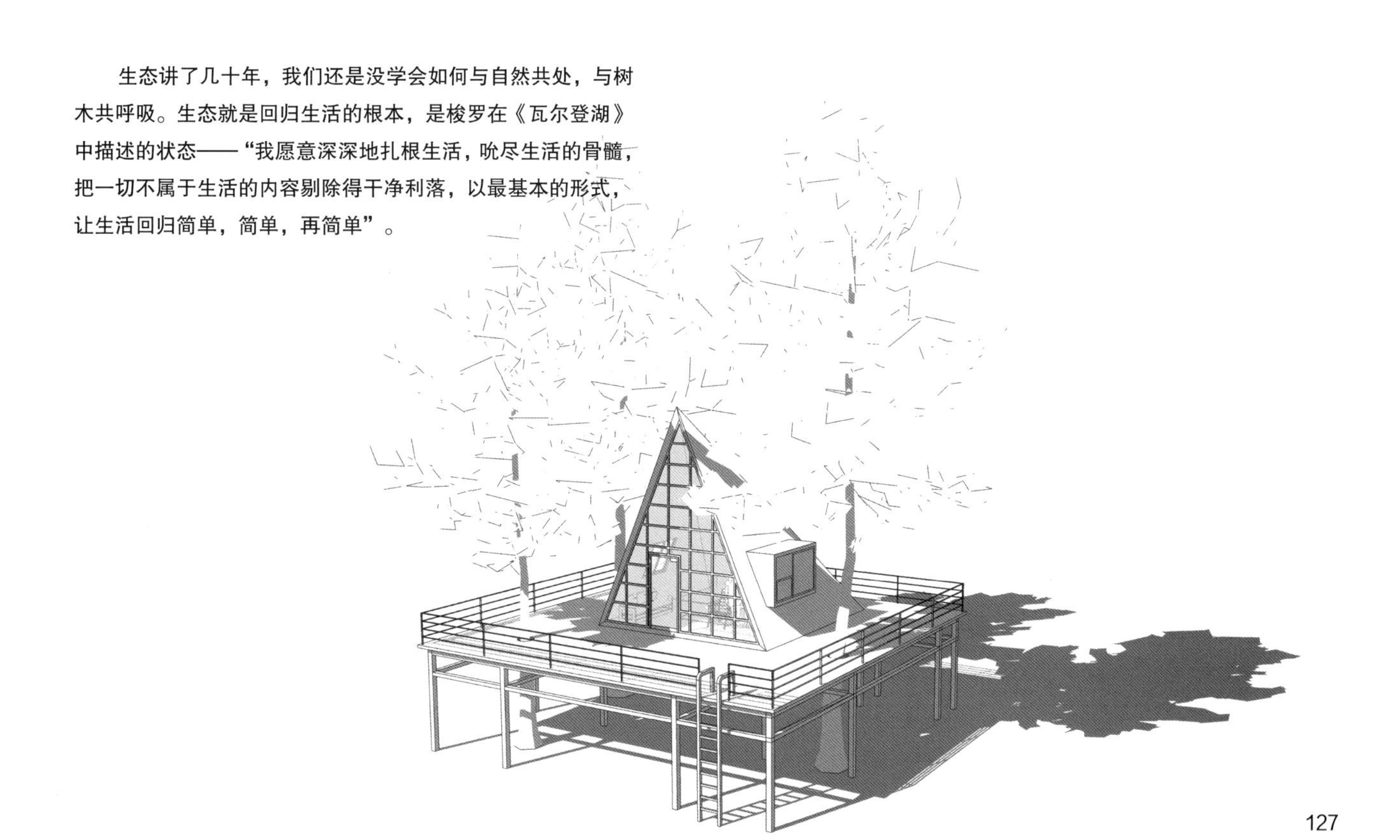

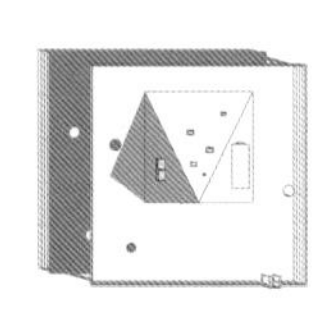
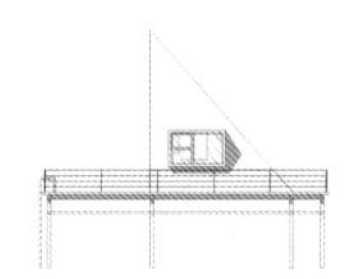
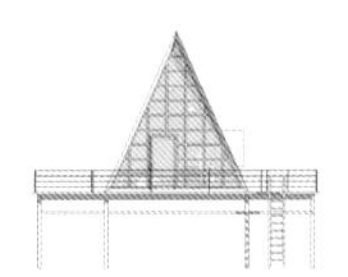

27. 长坡四合院

通常情况下中国民居短墙成山，形成几进院落，此处我们将长边成山，南坡镂空成院，角落处的开口是进出的通道。

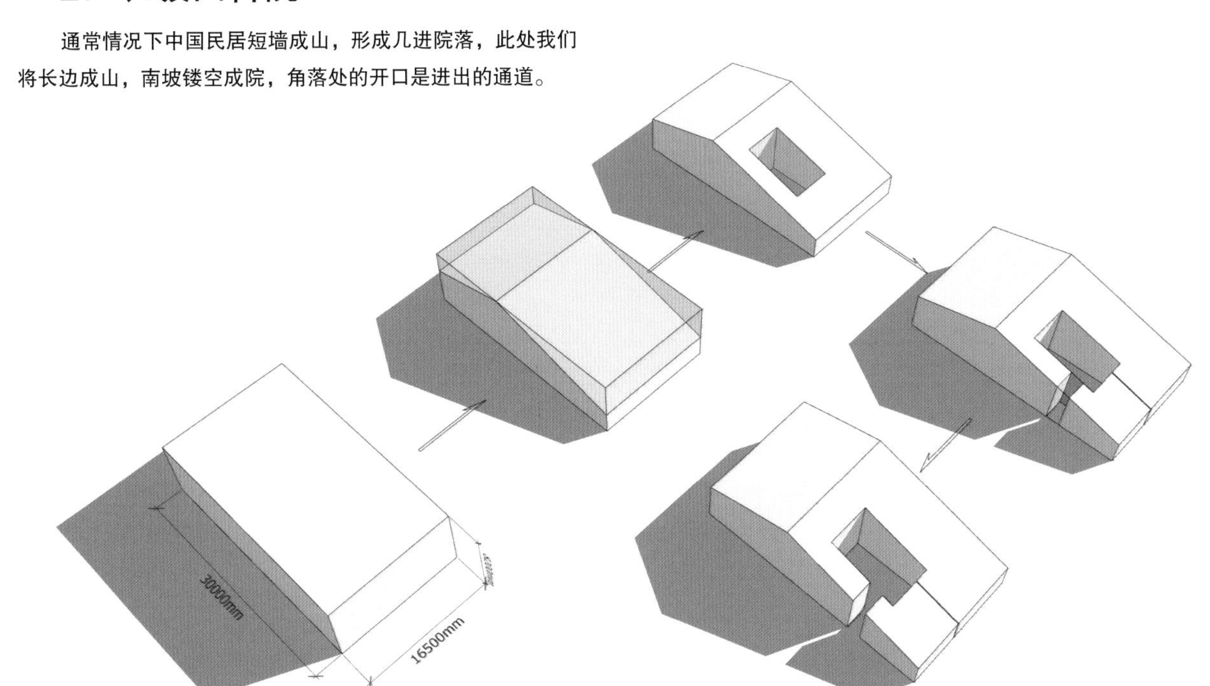

建筑表皮有时可以理解为过滤光，或者编织光的珠帘，由于透风，一般作为阳台或走廊的外墙。如果直接接触室内，则需结合玻璃或其他透光材料。

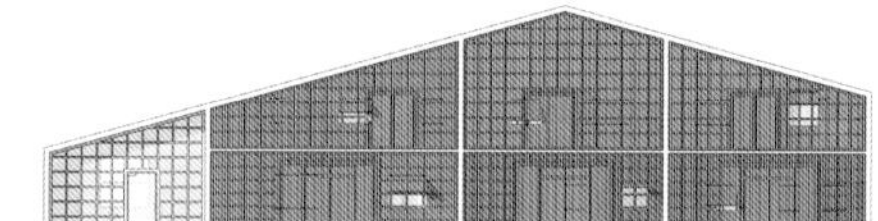

山高水长，物象千万。非有光影，清壮何穷。

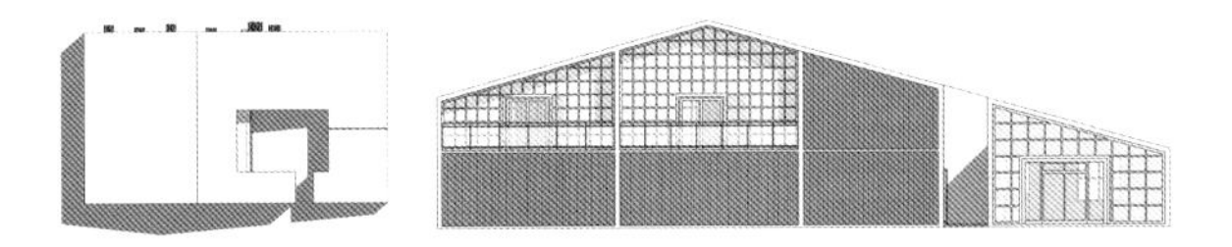

28. 不规则坡屋顶

现实中的许多建筑基地常呈现不规则的形态，也往往最能令设计师感到兴奋。遇到问题，然后去解决问题，生活不也是如此吗！屋脊也不必水平，屋檐也可以在山墙处。

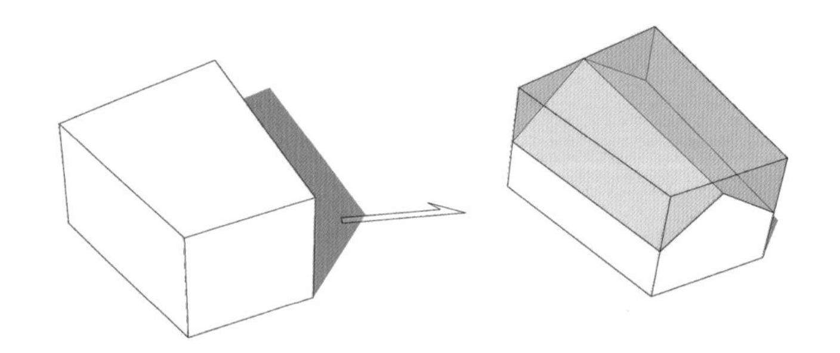

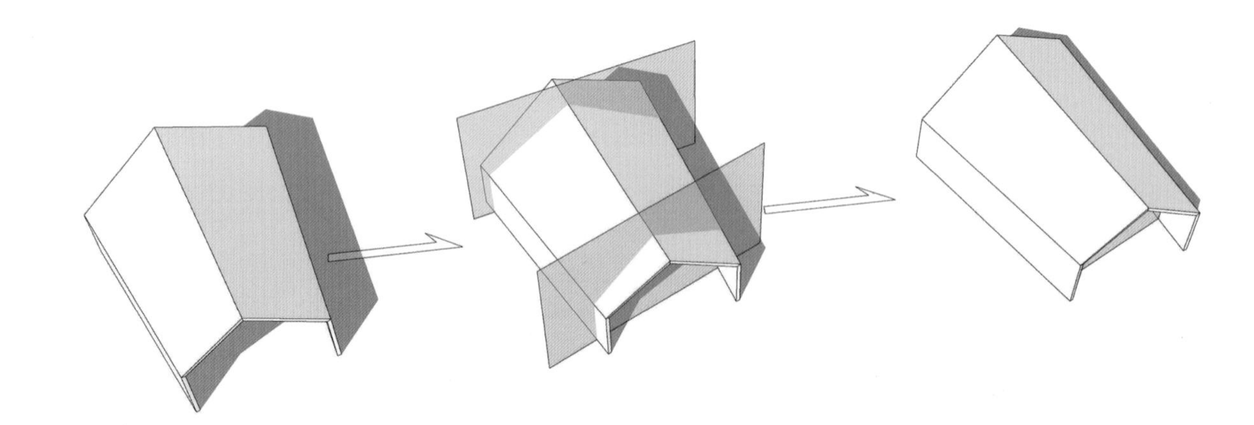

从前日子过得慢，每个村落都很美，除了空气中飘荡着粪肥的味道。村落的优美在于和而不同，就像一朵云，一条河流，一棵树，他们的每个细节和整体其实是一样的。

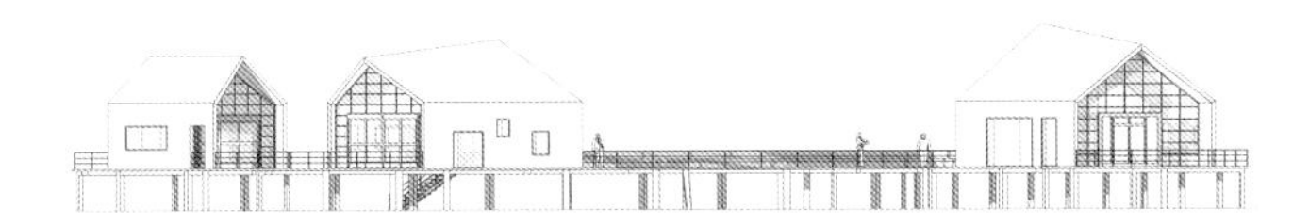

建筑不应该是“巨大的恶魔”，它应该是轻松而温暖的。没有什么紧张的剧情，也不必传达什么理念，它就像爱，或者日落，平凡而伟大，这难道还不够吗？

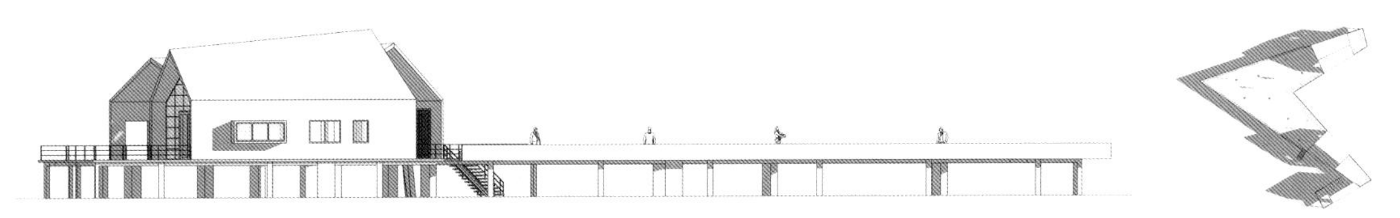

29. 游走的坡屋顶

连绵的 M 形屋顶被垂直切上几刀，屋顶变得更为灵动，不仅上下起伏，而且左右错动。曲折使每个空间都成为主角。

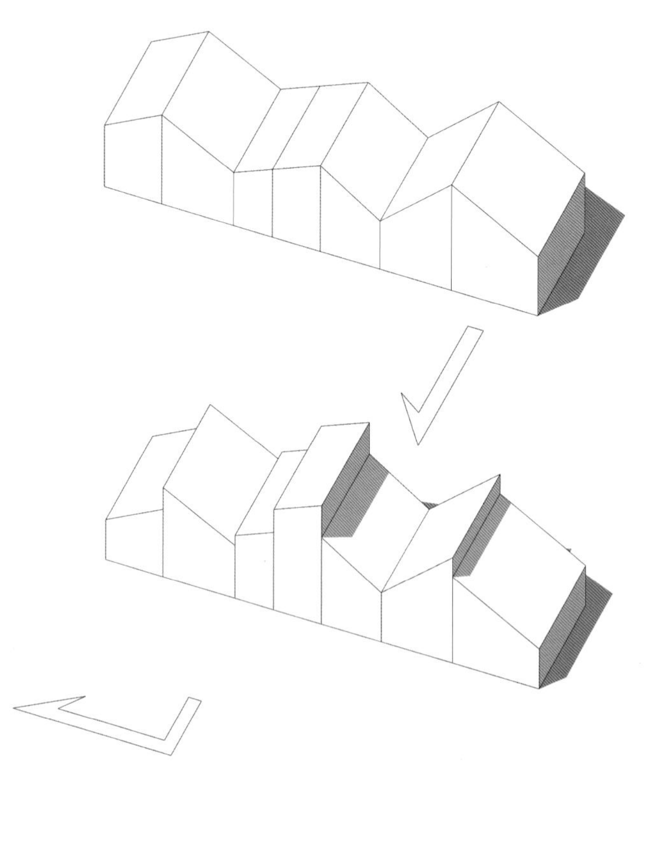

墙体相交处两端避让出或方正或狭长的“旮旯”空间，它们能更好地塑造丰富的外部环境。同时这些“旮旯”也能为壁虎、蜘蛛等小动物营造良好的“居所”，建筑的使用者不应该只有人。

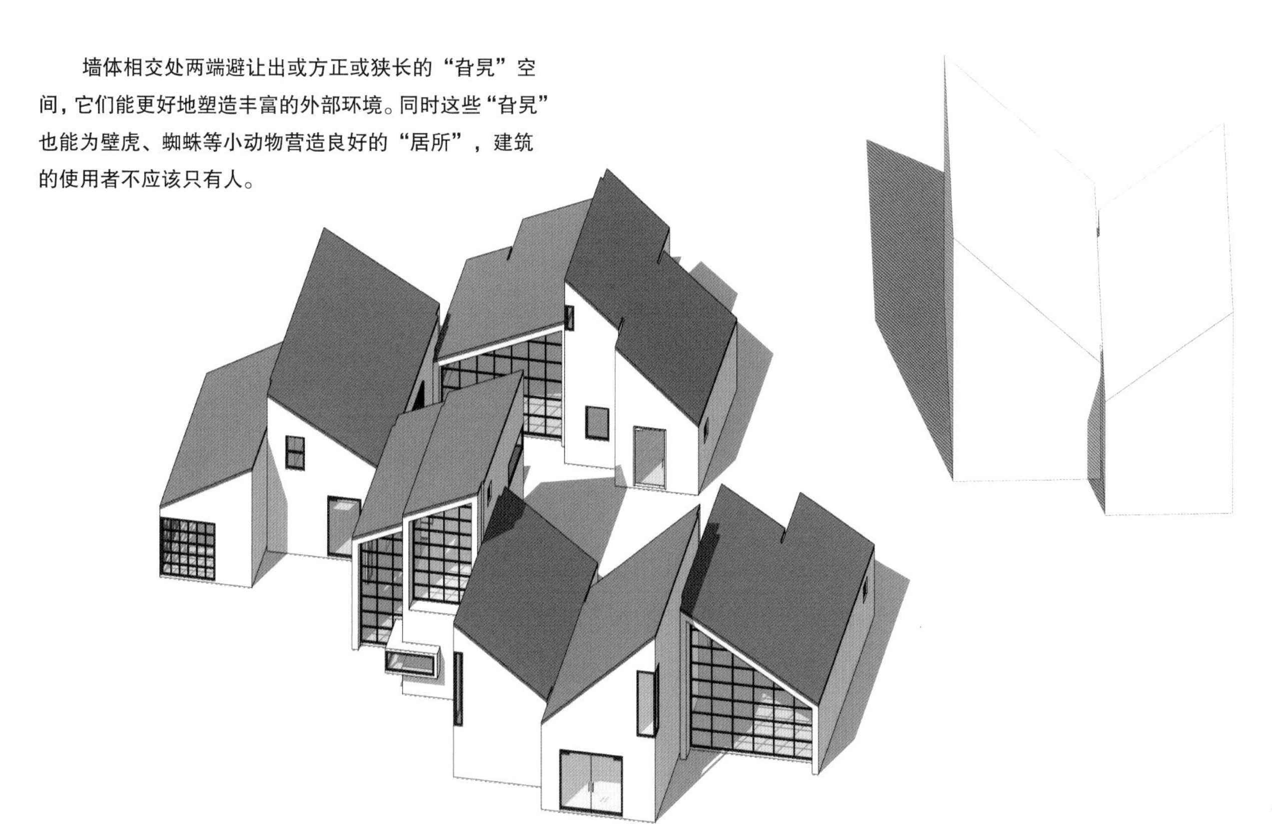

人对于居所空间大小的需求是有弹性的，俗语云“广厦万千，夜眠仅需三尺”，人类的建筑小了，天地才能宏阔。

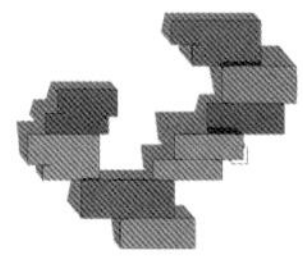

让资本去引领人类的福祉，出发的方向就已经错误了。什么才是人类的美好事业？一言以蔽之：“绿水青山就是金山银山”！

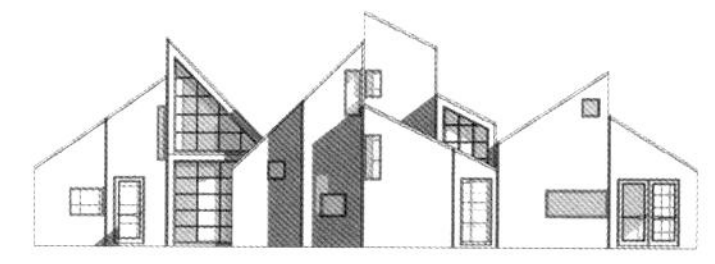

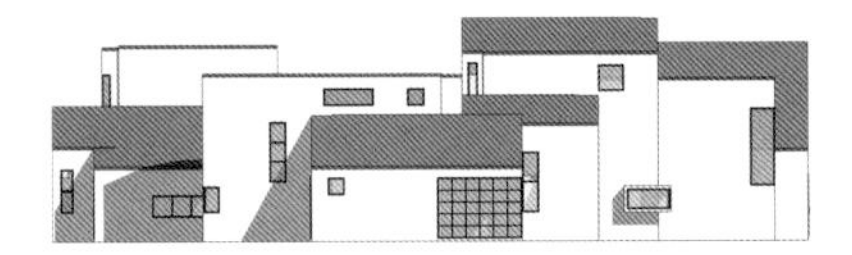

除了整体空间的进退变化外，门窗联系着万千物象。世界已经很奇妙了，建筑因此不再需要复杂，可以丰富的是“门窗”，透过它看人来人往，日出日落。

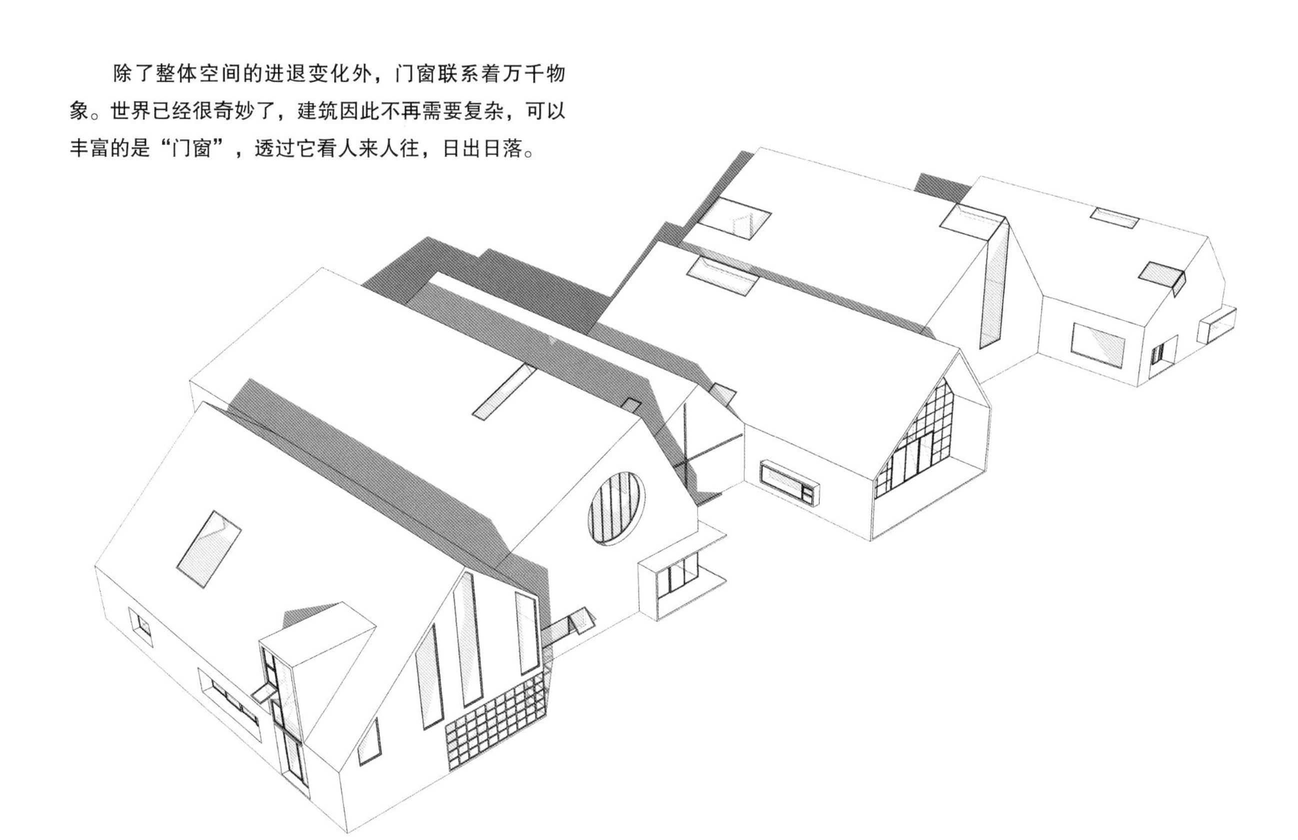

古典和现代相去不远，科技和艺术亦能融汇。在自然全美或自然至美的环境美学理念下，建筑设计就不再会猎奇和夸张。

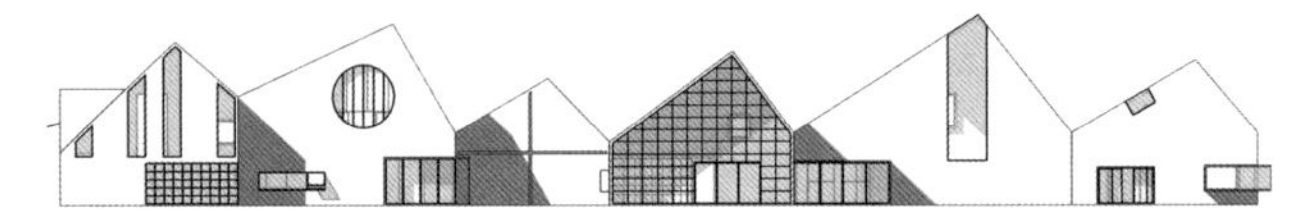

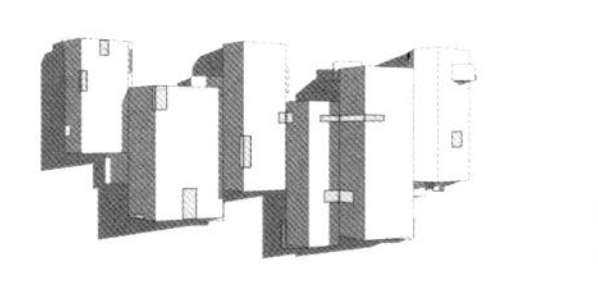

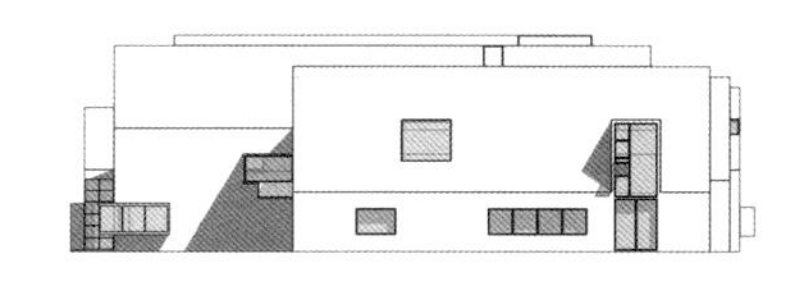

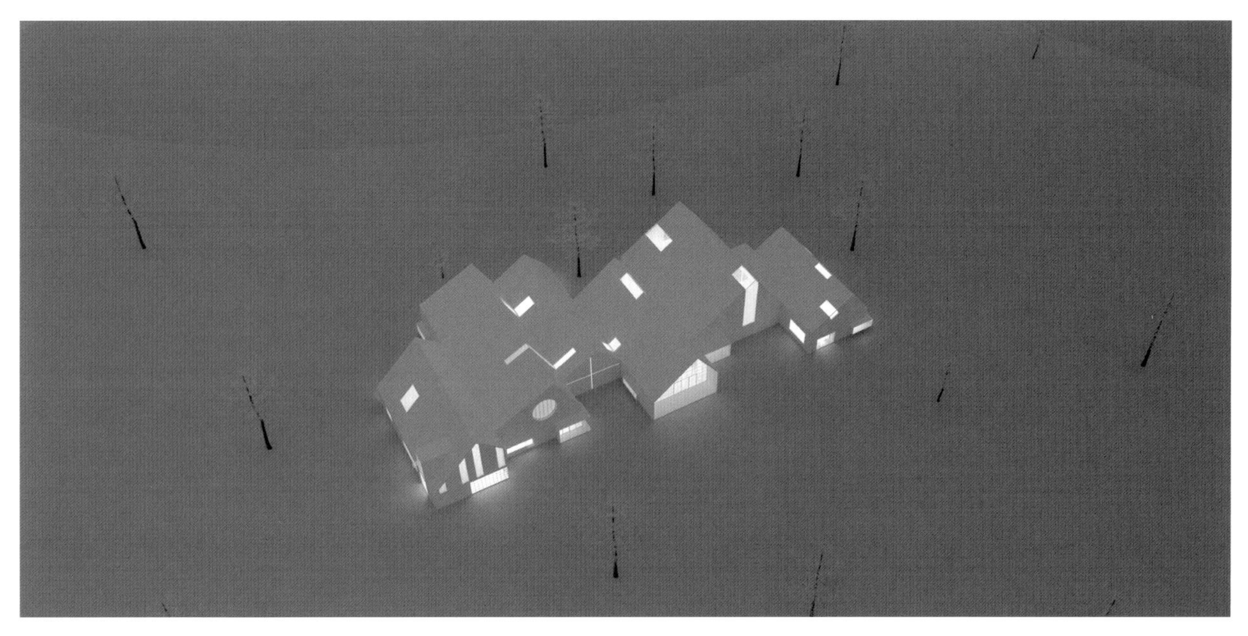

5 漂浮建筑

人类自古逐水而居，尤其我国南方多雨水。早在河姆渡时期，人们就熟练掌握了干阑式住宅的建造技术。底层架空可以防止潮湿瘴气、蛇虫野兽；也可以用来豢养家畜。不仅合理利用了空间，也使建筑用“脚”伫立于大地，融于大地。而勒·柯布西耶在《光辉城市》中提出的底层架空理念不适合人类的原因是脱离了人的尺度。

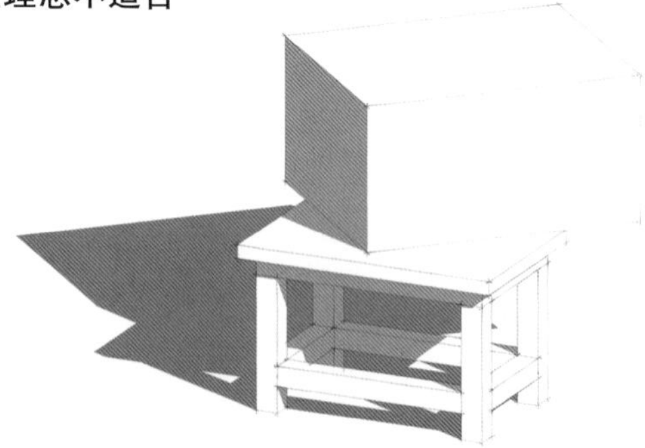

30. 镜面漂浮建筑

大木作和小木作其实都是解决力学问题，桌腿、横档就是柱梁关系，和现代钢结构或钢筋混凝土结构是一个道理。

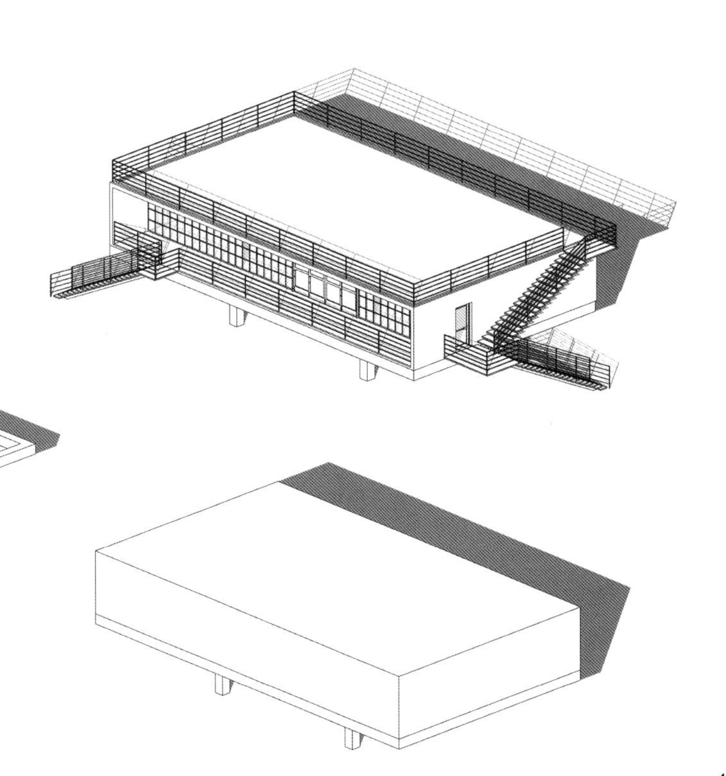

建筑立柱与底层楼板被镜面金属包裹，映照出周边环境，令建筑如魔术般消融于环境，漂浮在空中。

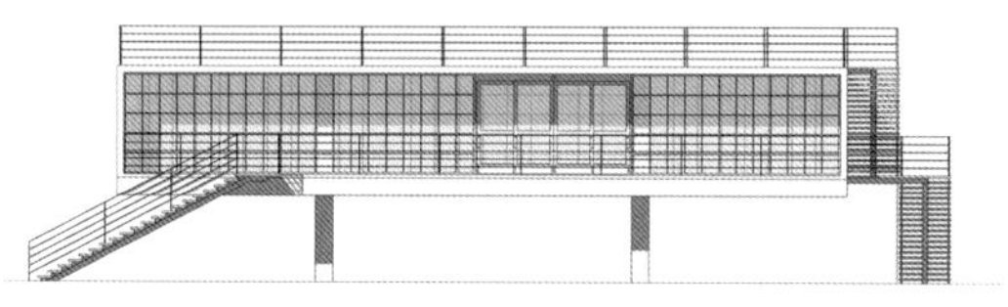

春日的景象是这样的：江南三月，草长莺飞，房子漂浮在稻田上，白鹭捉田鸡，四周都是被风吹动的竹树和稻田。

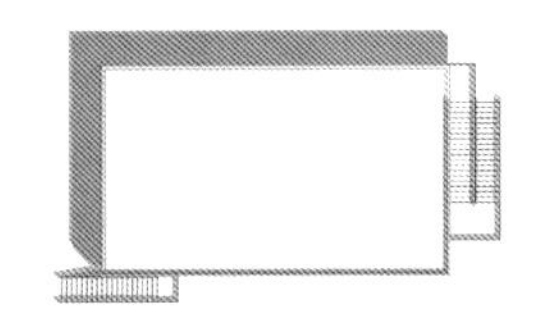

也许路易斯·康的文字一如他的建筑般抽象，但有一句话倒是讲得很明白：“除非你充满喜悦，否则你创造不出一栋建筑！”

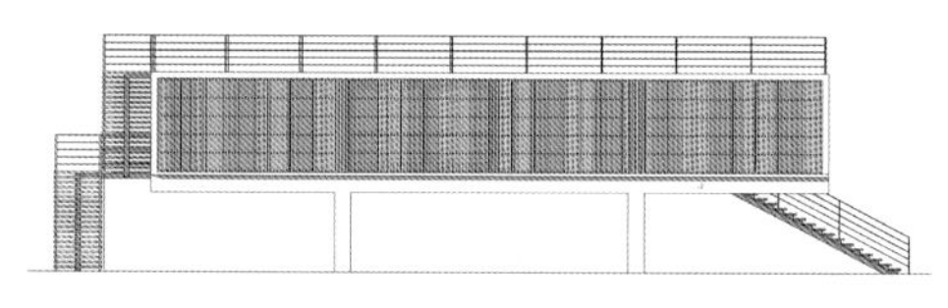

31. 魔毯建筑

就像草帽扣着草帽，曲面的大地被垂直复制上来，宛如漂浮的飞毯。

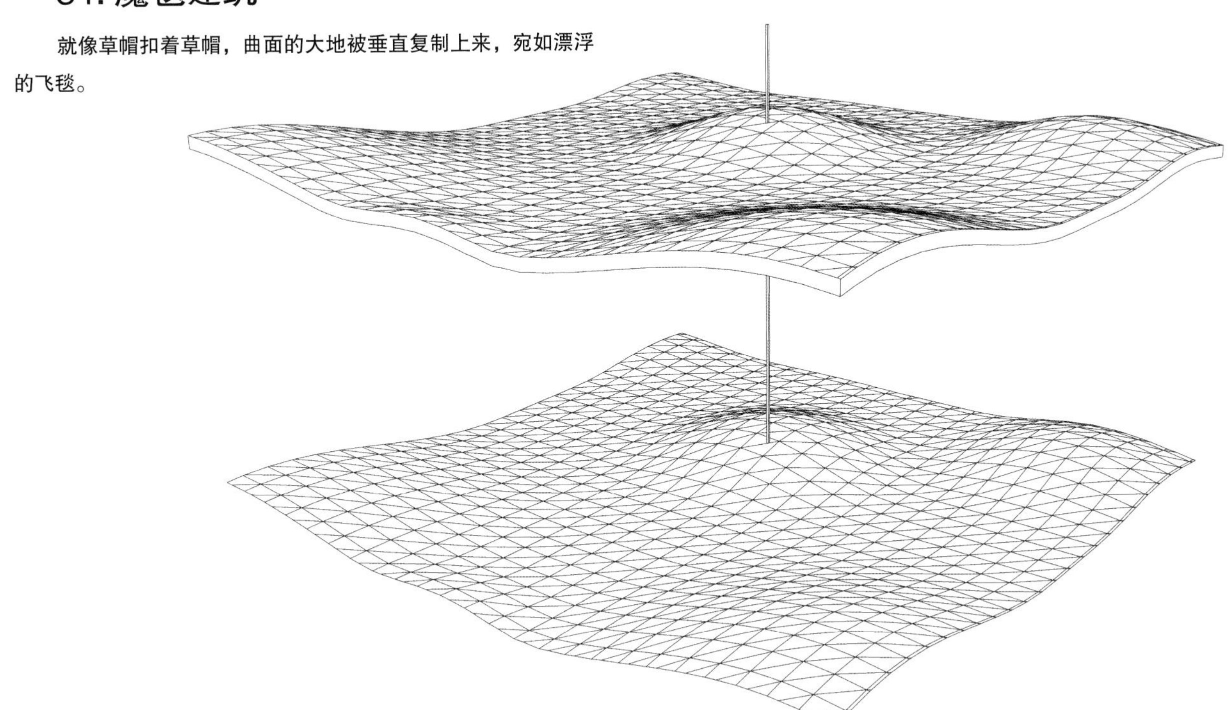

森林中漂浮着一块绿色的毯子。

毯子底部是曲面的镜子。

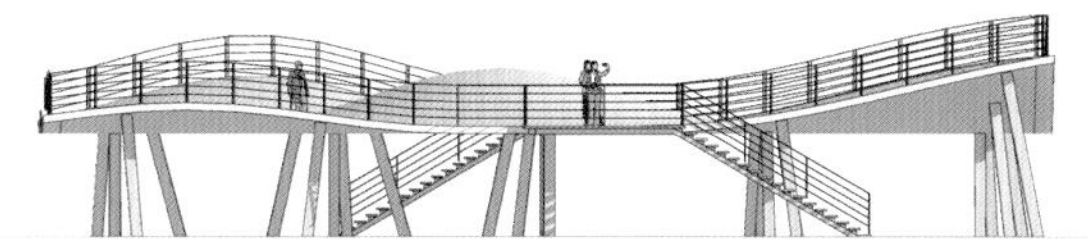

复制一块飞毯在原来位置的垂直上方，围以墙和玻璃，就打造了一处曲面地面和天花板的建筑空间。

32. 杆栏厕所

从我读小学起直到大学毕业，学校内的厕所都是我的一个噩梦。当时的人们从来没想过要为孩子们建一处清洁便利的厕所。

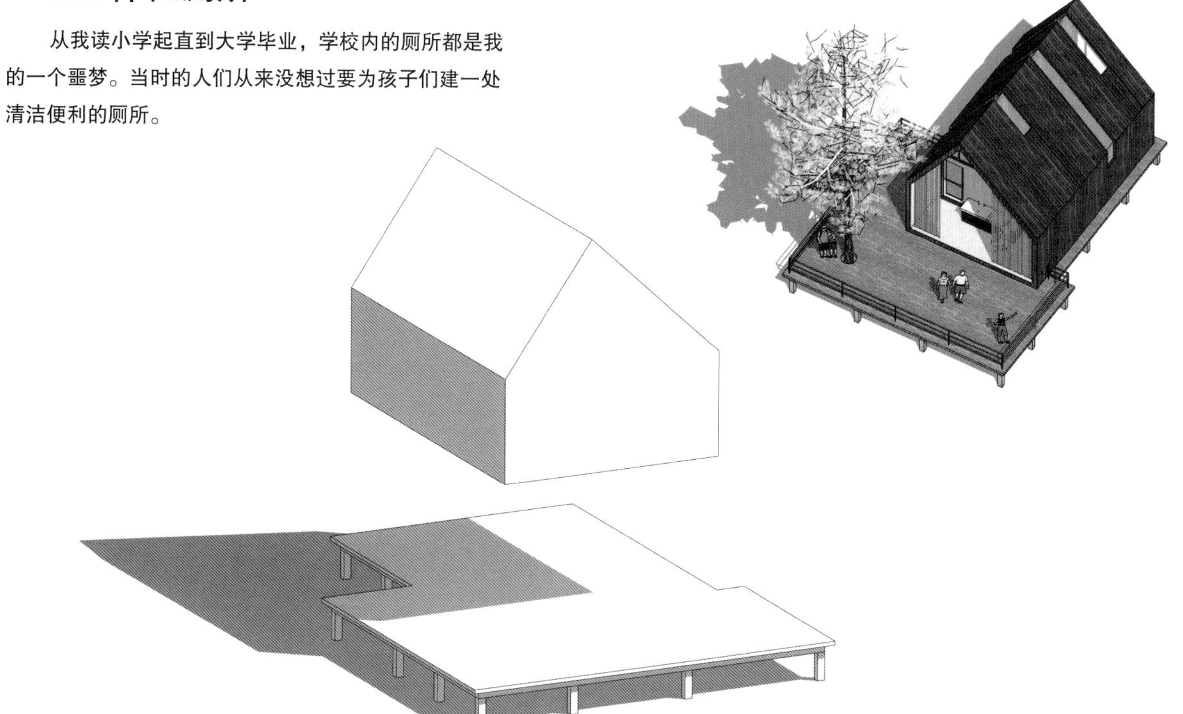

一个好学校应该从建一处好厕所做起。

厕所也能结合凉亭而成为休息的驿站。

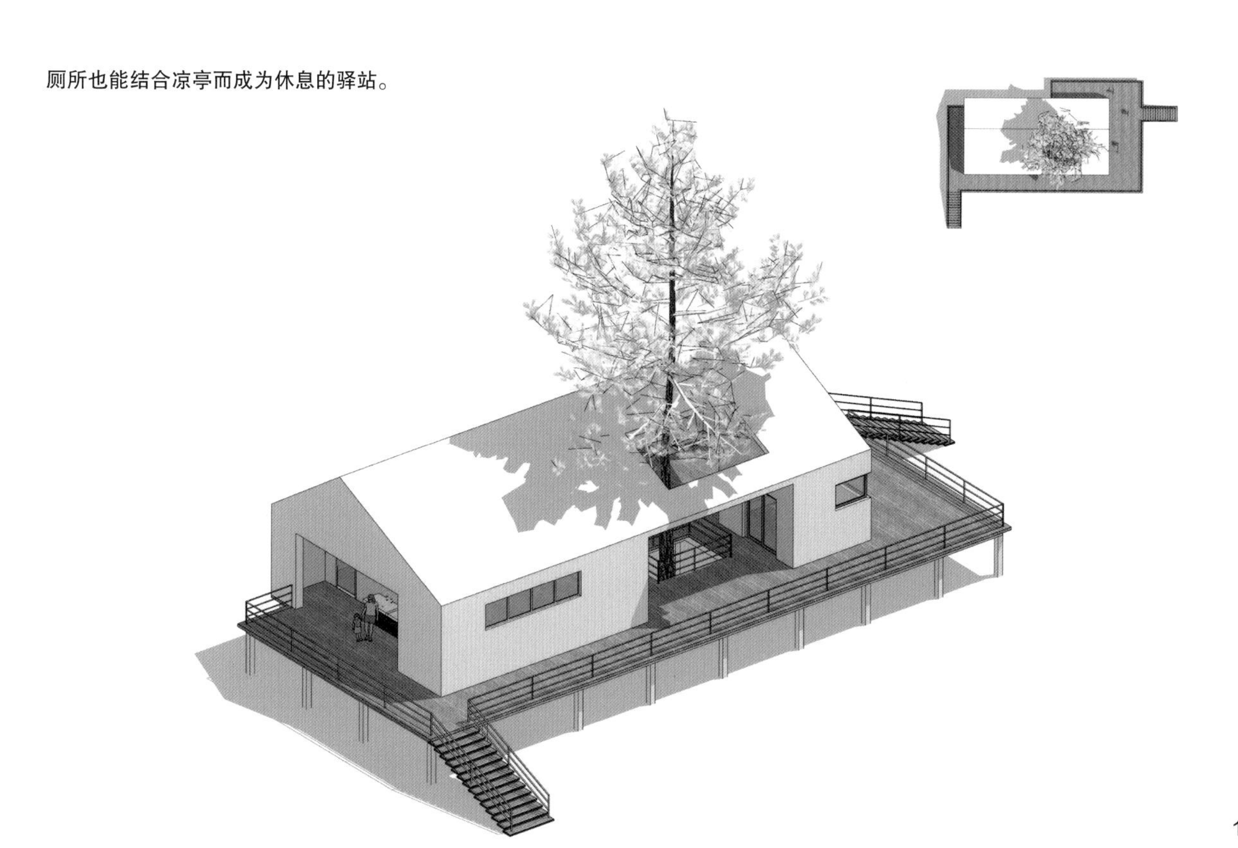

有树的厕所才是了不起的厕所。

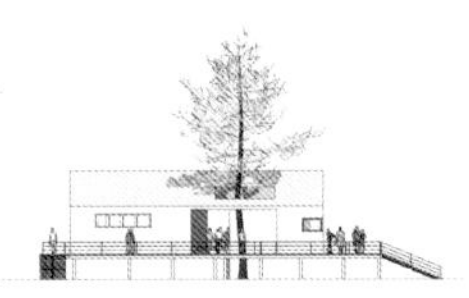

33. 踩高跷建筑

有水面就会有消落，可以给建筑“踩高跷”。

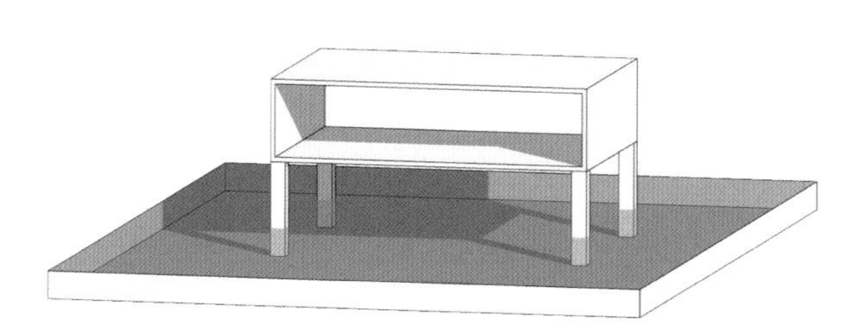

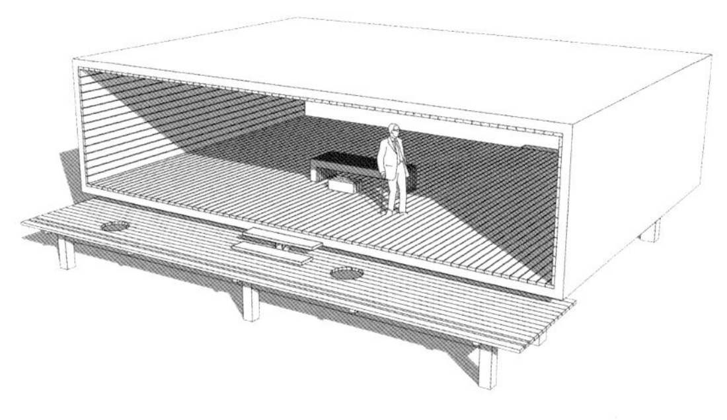

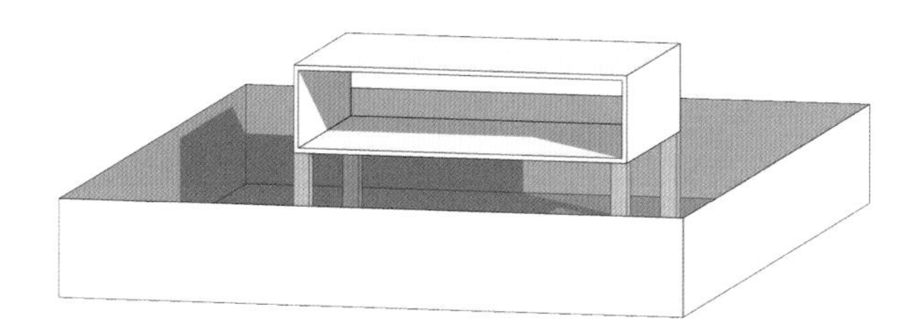

消落带上的建筑就如生长在消落带上的红树林，内陆河流湖泊的原生消落带乔木也相对较少，常见品种有南川柳、池杉、落羽杉、枫杨、垂柳等。

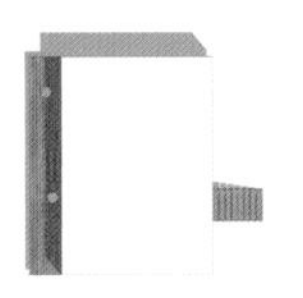

家徒四壁的湖心亭，留给张岱在此看雪。

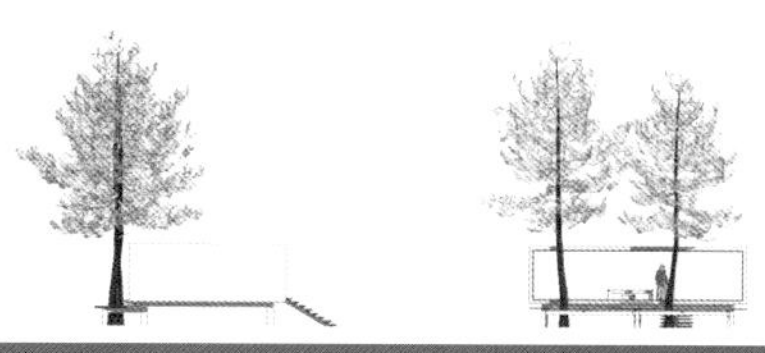

34. 拉索建筑

将主梁用许多拉索直接拉在桥塔上的拉索结构也可用于建筑，斜拉钢索承载了结构所受的竖向力，拉索结构主要由拉索、索塔、主梁等组成。

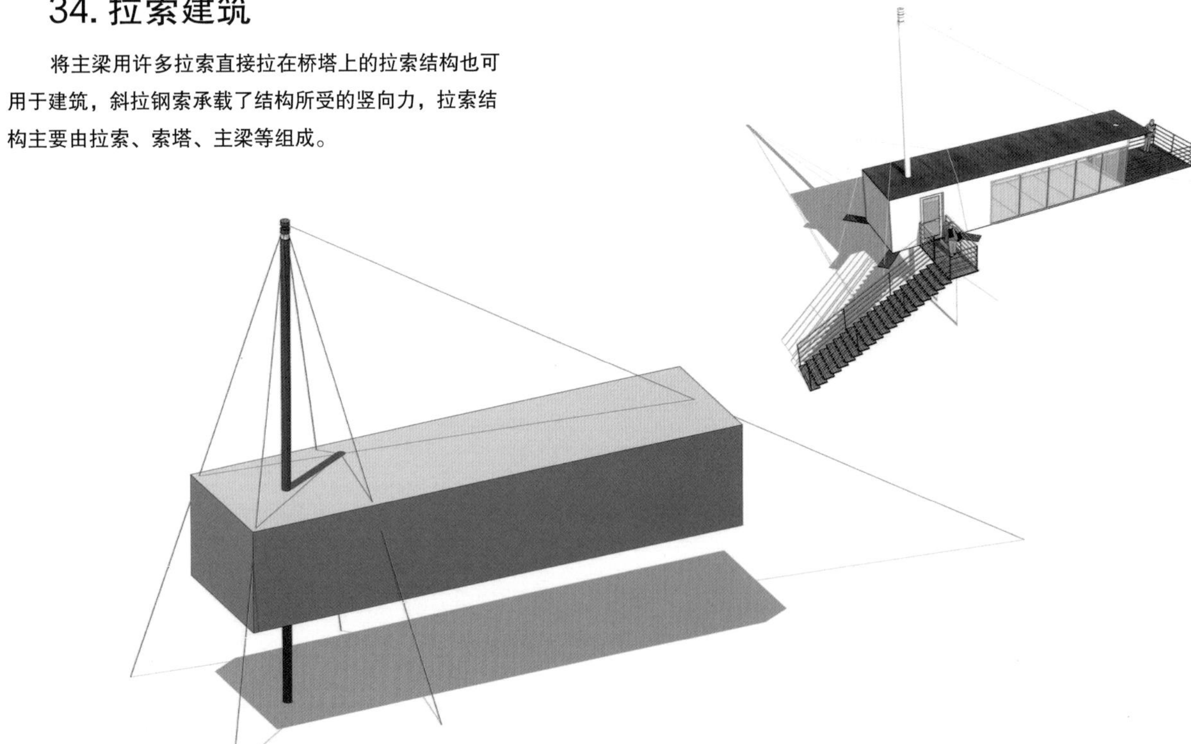

有人形容建筑是凝固的诗，其实它就是诗，并不凝固。你看它在湖面摇曳，仿佛能听到林白的《过程》。

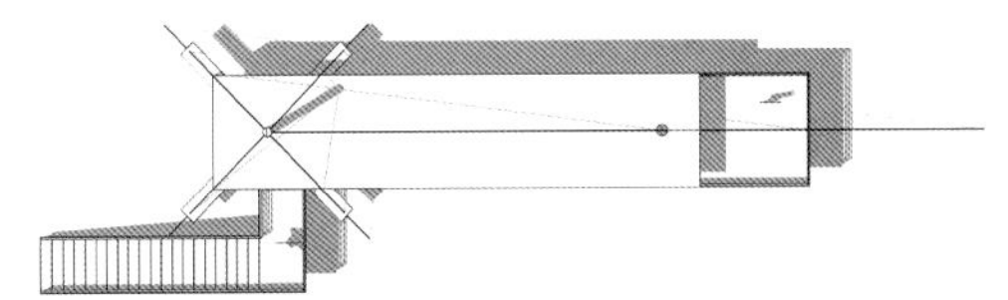

凌空的建筑能御风而行。人人都是造物主，因为人人都创造了自己的世界。

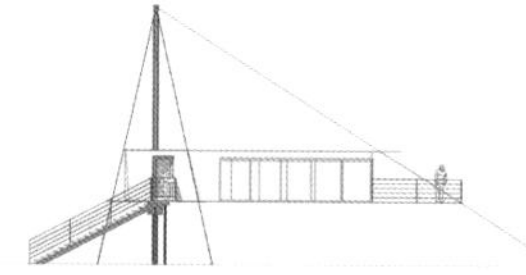

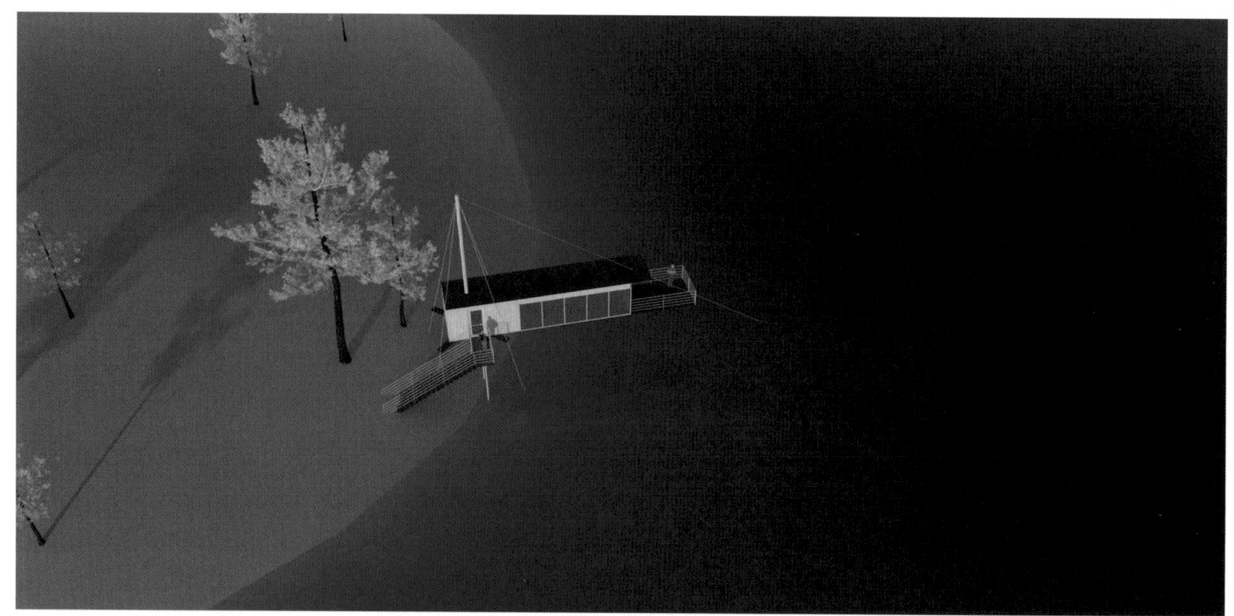

35. 簸箕建筑

扫垃圾的簸箕就像一个楔形的刻刀，一头深一头浅。这种形状使得构筑物产生强烈的透视错觉，尤其能加强水陆交接处的景深。

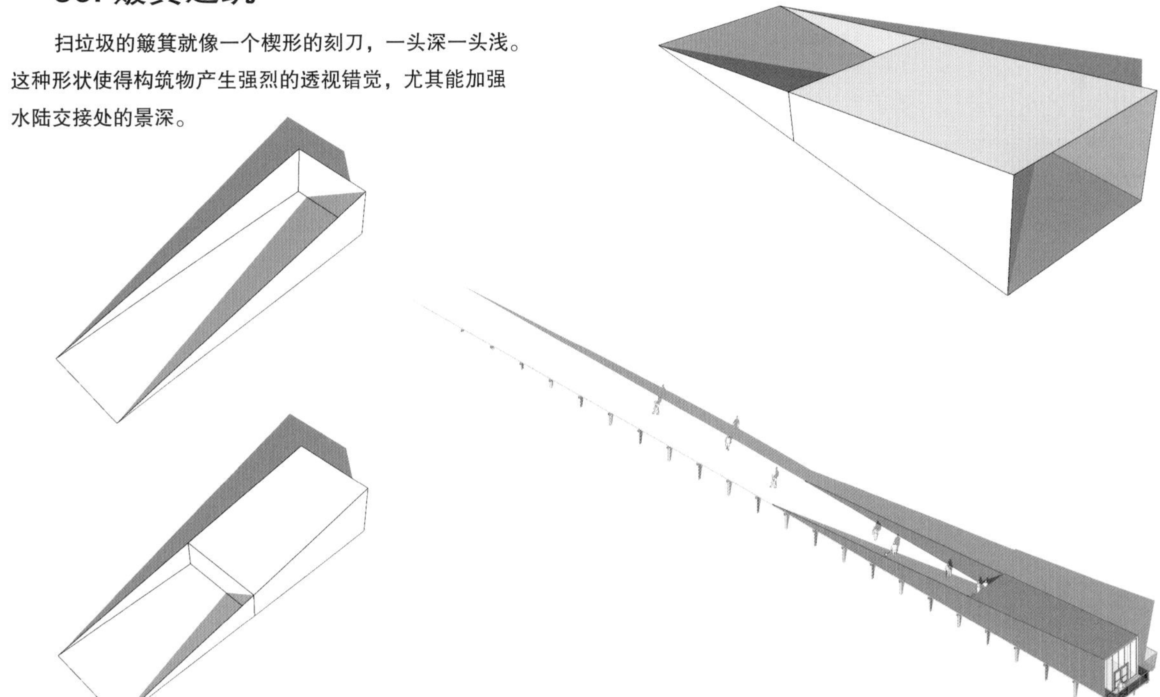

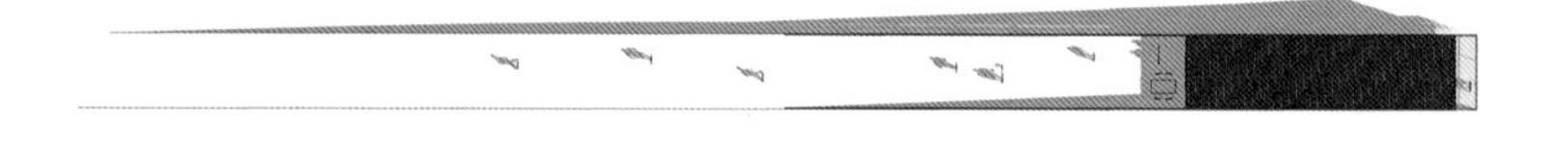

也可能是个书店，只卖一本——《瓦尔登湖》。

圆的建筑

曲面建筑无论在设计还是施工阶段都是极其复杂的，真实世界里并没有真正的曲面，甚至曲线，只是无限接近曲面、曲线的多面体和多段线而已。但无论在非洲的原始部落还是我国的传统建筑中都出现过圆形建筑，究其原因：一是，由于受力均衡，故较为牢固；二是，具有优良的防御功能；三是，构件可以复制。

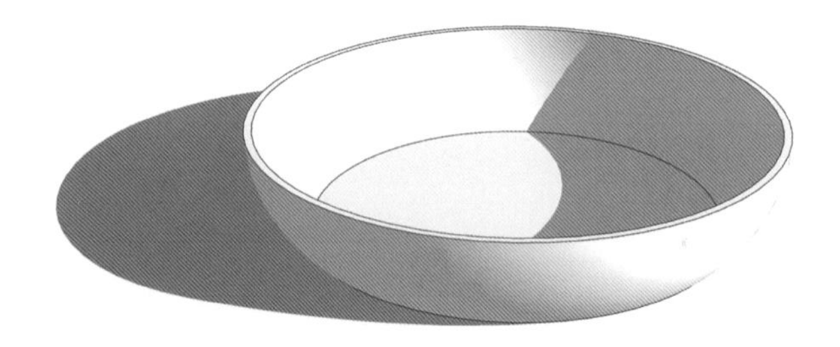

36. 寺庙建筑

“天圆地方”是古人对宇宙的朴素理解，从而衍生出阴阳、动静、否泰等自然辩证哲学，也是华夏民族的立身之本；刚柔并济，中庸圆融。

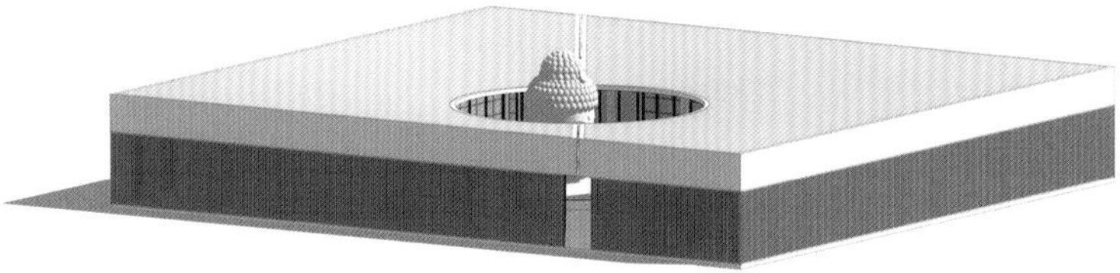

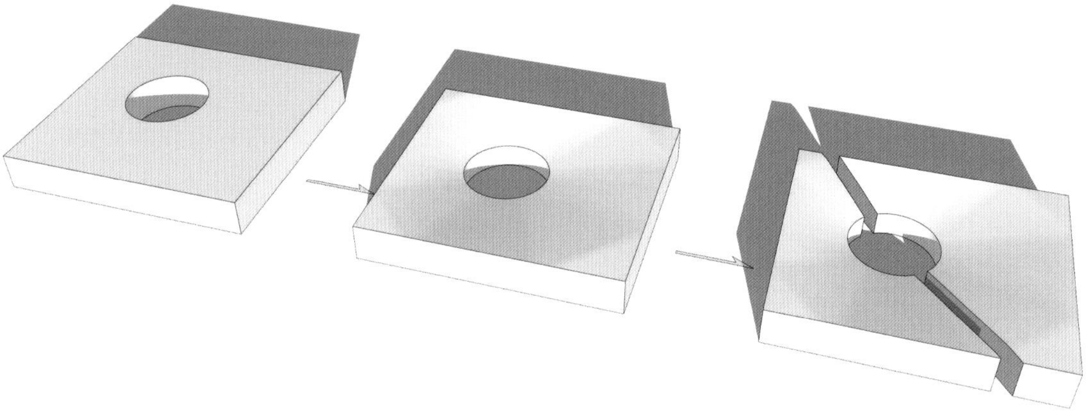

我国的佛教建筑发展至今，形式几无变动，其世俗功利的意义亦无甚变动。不过寺庙建筑是不是能偶尔走出固有的形制，让其本身具有“禅”味？佛祖心中坐，内外有檐廊；穿过窄窄的过道，明心见性。

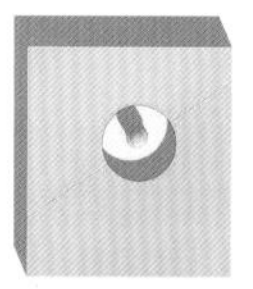

《金刚经》云："一切有为法，如梦幻泡影，如露亦如电，应作如是观"。诗哲合一，知晓人生幻梦，一切无常，在"如是观"中才更需要慈悲、内省和温暖，才不会陷入各种名相之中。一言以蔽之，在有执中无执，在挂碍中无挂碍。

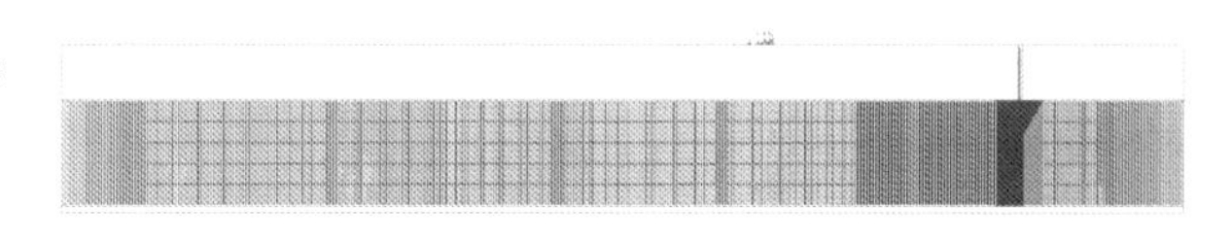

佛祖非神，更不是造物主。佛教原本也不主张造像，造像的出现是受了希腊造型艺术的影响。佛像的好就在于他的双目低垂，恬然微笑。建筑师是不是也该有此不忍之心？静置一片树林，一个水塘，一阵风。

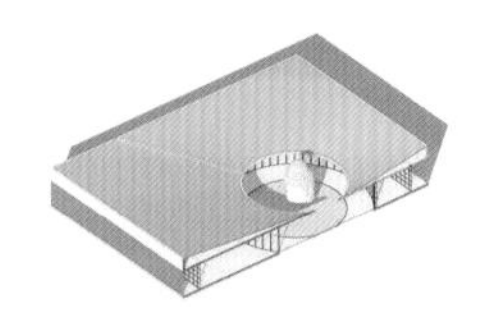

37. 土楼建筑

如果在一张 A4 纸上画圆，一个 24 边形看上去已经近乎一个圆了。对于圆形土楼来说，就是围绕圆心旋转复制的 24 栋相同的小屋。

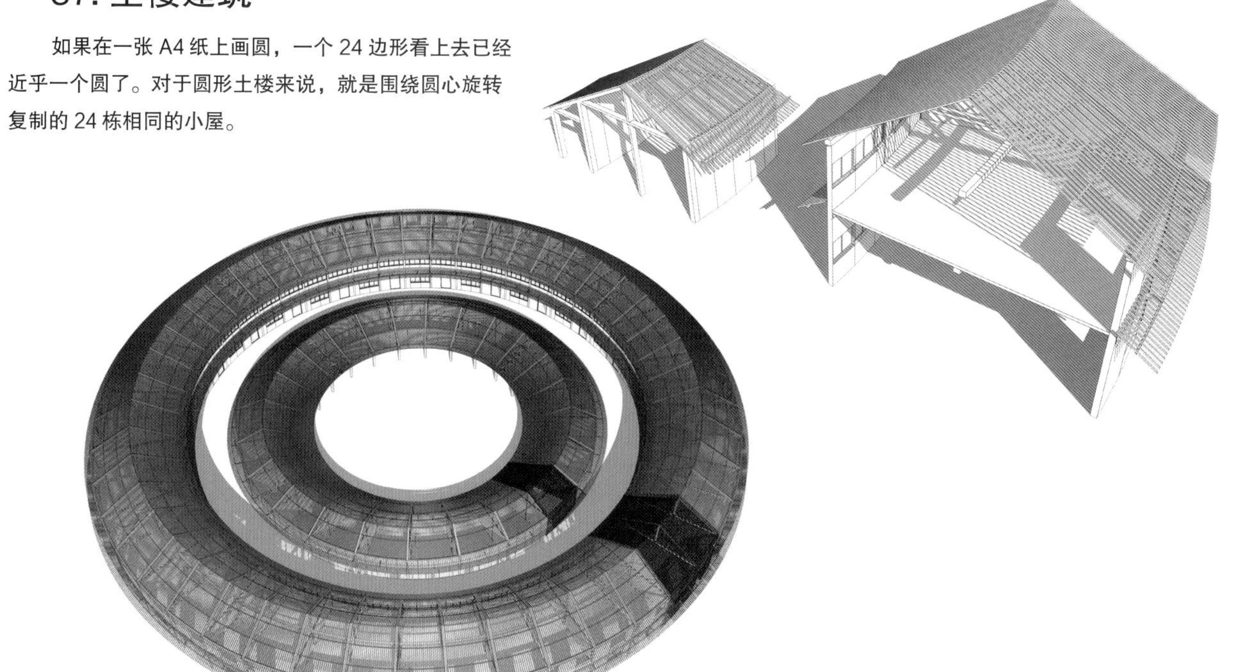

土楼简单，不简单的是这家夫妻在拌嘴，小孩哇哇哭；那家在搓麻将，吞云吐雾；另一家磨着豆腐，准备早上的出摊。人世的风景哪里是设计师所能想象的啊！

健康的邻里关系是维系健康社会极为重要的情感纽带。如今密集庞大的新型城市社区却适得其反，冷漠使人类走向孤独。具有向心特性的土楼建筑中的邻里关系值得我们思考和借鉴。

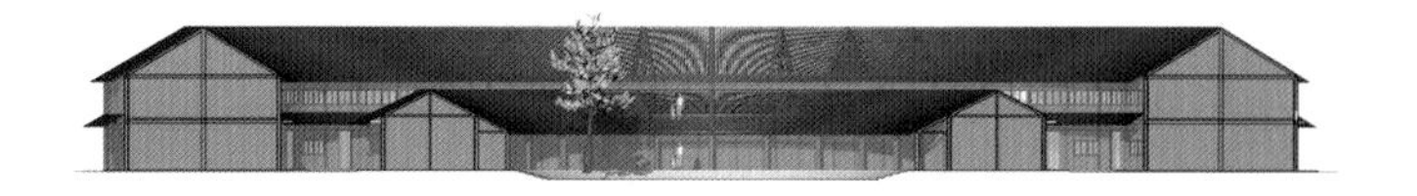

一个人成长过程中所受的教育，除了老师的教导，更重要的是幼年同伴间的相互影响，在土楼中生活过的人们拥有很多一起长大的同伴。

儿时在村子里过年，灯火之中，人们相亲相爱。孩子们去任何人家里都会有糖果和瓜子，真是令人怀念的时光啊！

38. 篮子建筑

如今塑料横行，满世界塑料袋，人们不再需要篮子。以前村里的篾匠可是大忙人，菜篮子、簸箕、箩筐、晒箕、米筛、竹椅、晒稻谷的大拼垫；至于扫帚、笼帚之类，篾匠都不屑于做。同样一个篮子又有无数种型号，不过无论哪一种都得从支撑的骨架做起。

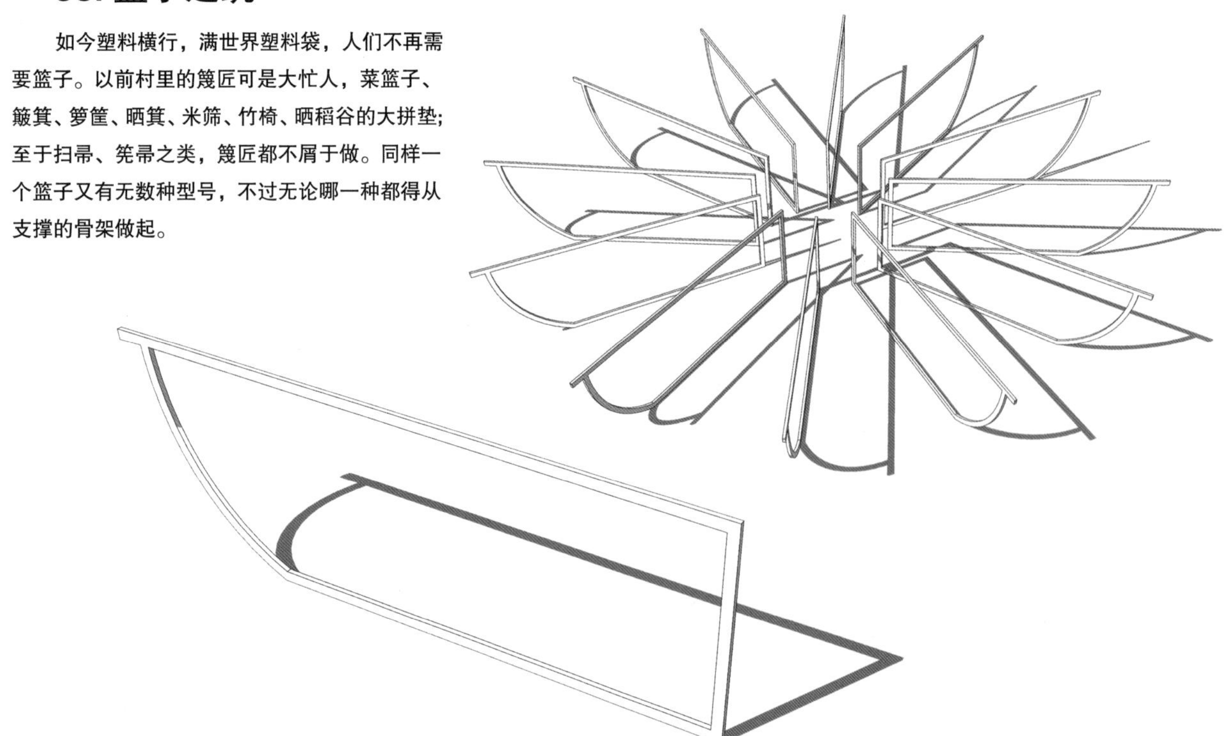

然后根据使用性质的不同采用竹青或者竹黄进行密度不一的经纬编织，对于一个建筑则需要玻璃和格栅的双层编织。从篾匠的角度而言，篮子的难度不在于编织，而在于每个竹制构件尺度的一致性。

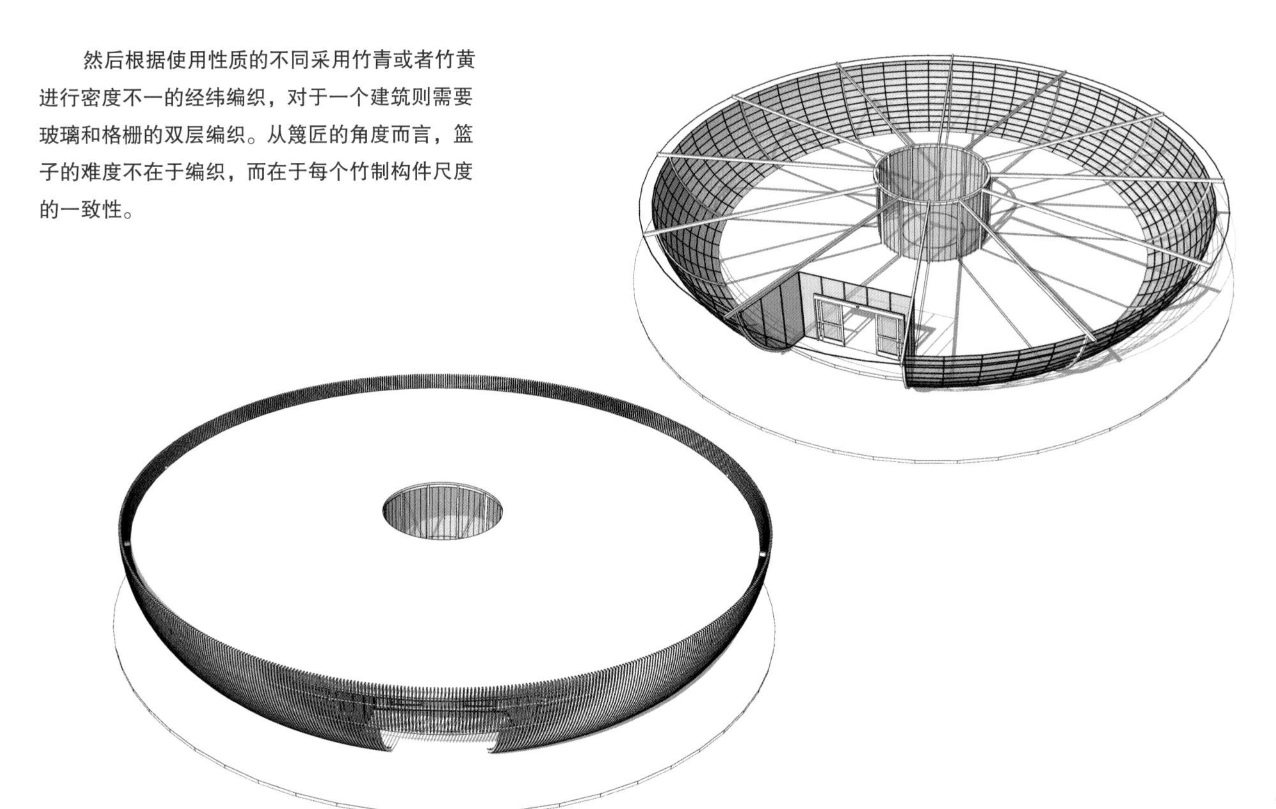

经常能看到大城市里面的超级“巨蛋”。我们可以把建筑比喻成乐高，但不应把城市建成一个充斥积木的玩具房，城市也是大地的一部分。

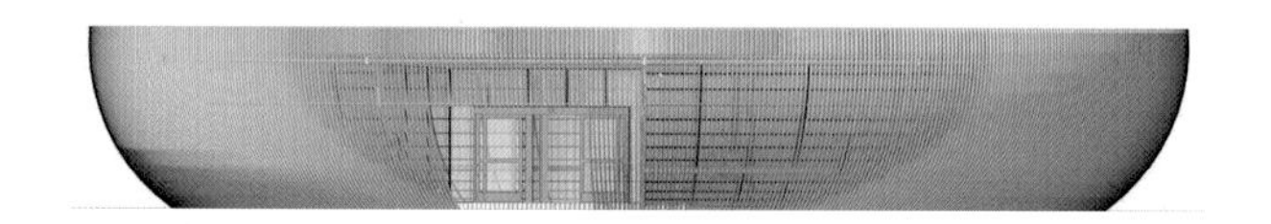

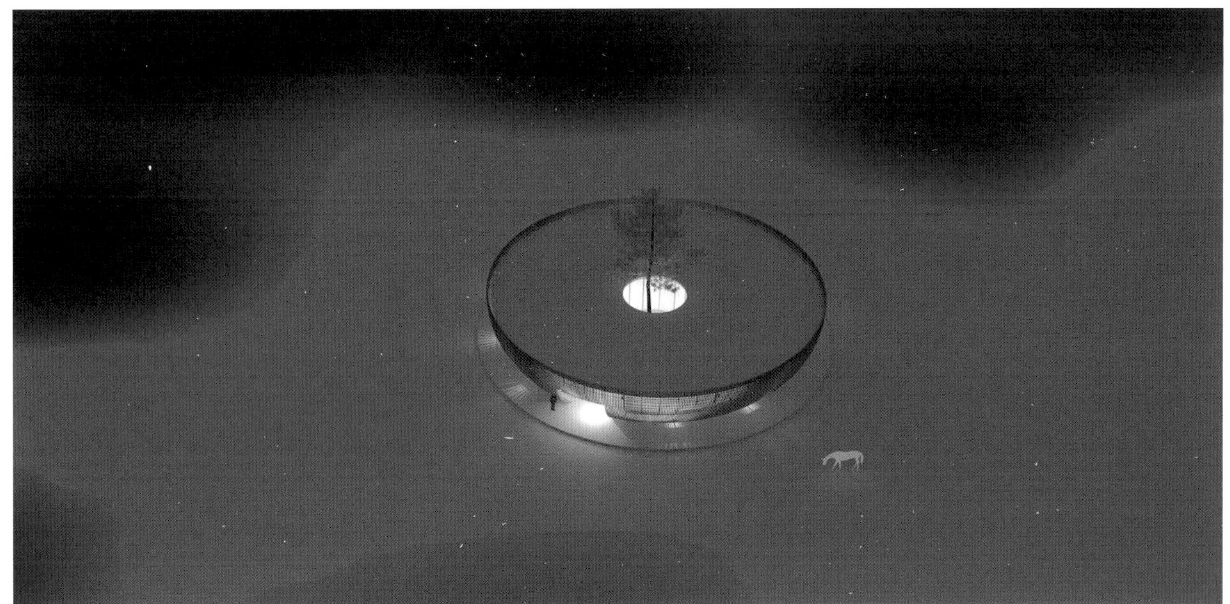

39. 热水瓶建筑

曾经在浙江海宁见过二十世纪五六十年代的石头粮仓，像个热水瓶，又像是个小铅笔头。

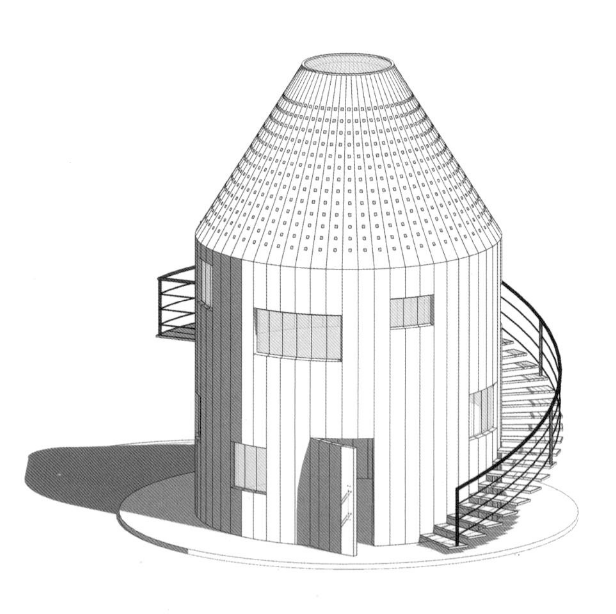

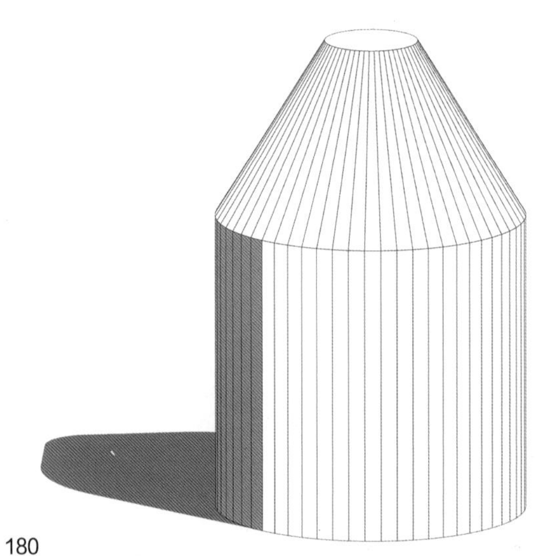

考古研究发现全球各个地方都存在圆形建筑的聚落形式。实际上这些或是夯土或是竹木结构的圆形构筑，无非是正多边形的数目不同。

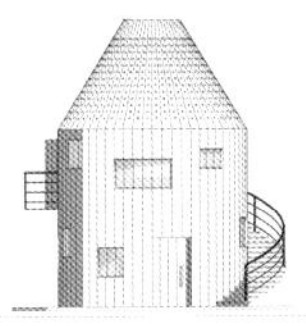

建筑空间简约或复杂都不重要，重要的是人在建筑中是否能感知世界，是否能仰观天地之大，游目骋怀，自由自在。

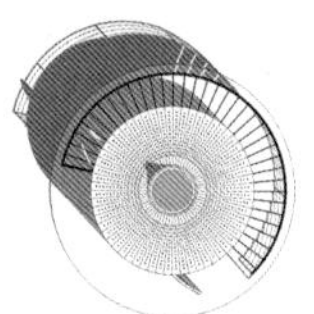

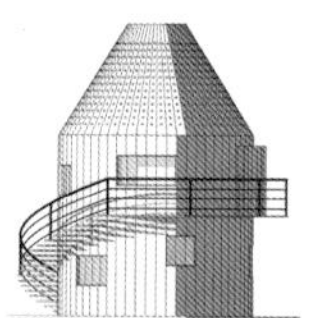

■

一个人过于爱有生一切时，必因为在一切有生中发现了 “美”，亦即发现了“神”。必觉得那个光与色、形与线，即是代表一种最高的德性，使人乐于受它的统治，受它的处置。人类的智慧亦即由其影响而来。然而典雅辞令和华美仪表，与之相比都见得黯然无光，如细碎星点在朗月照耀下同样情形。它或者是一个人，一件物，一种抽象符号的结集排比，令人都只能低首表示虔敬。

——沈从文《美与爱》

致谢

本书著述历经三年，期间我们得到很多人的帮助，因为人数众多，这里很难一一提及，感谢每一个为本书做出贡献的人。

特别值得一提的是一些实际景观项目中的合作单位，他们给予我们充分的调研空间以及对设计的包容与尊重，他们是湖州太湖旅游度假区管委会、浙江七彩花洲旅游开发有限公司、义乌上溪镇人民政府、杭州余杭旅游集团有限公司。

此外特别感谢李鹏鹏对本书版式设计所做的辛苦工作，感谢中国建筑工业出版社张建编辑对本书的良好建议与无私帮助！

最后需要感谢钢琴师王正芳和王梧潼馨给予的奇妙灵感，并将此书献给即将出生的蔡横槊小朋友。

2019 年 1 月 18 日